“特色经济林丰产栽培技术”丛书

杜 仲

刘 劲 ◎ 主编

中国林业出版社

内容提要

为贯彻落实国家重要决策部署，促进我国杜仲产业健康有序发展，旨在科学指导、普及杜仲种植及产地加工，规范杜仲种植产业。本书系统整理了杜仲的种质资源及栽培技术，内容包括：概述、生物学与生态学特性、种质资源与种类、苗木繁育、杜仲园建立、杜仲园管理、综合防治技术、采收和加工利用等内容。本书内容丰富，技术先进可行，可操作性强，适于广大林农、药农及专业技术人员阅读参考，为指导基层生产提供参考。

图书在版编目(CIP)数据

杜仲 / 刘劲主编. —北京：中国林业出版社，2020.6
(特色经济林丰产栽培技术)

ISBN 978-7-5219-0586-1

Ⅰ.①杜…　Ⅱ.①刘…　Ⅲ.①杜仲－栽培技术　Ⅳ.①S567

中国版本图书馆 CIP 数据核字(2020)第 084995 号

责任编辑：李敏　王越

出版发行　中国林业出版社(100009　北京市西城区德胜门内大街刘海胡同 7 号)
　　　　　电话：(010)83143575　http://www.forestry.gov.cn/lycb.html
印　　刷　河北京平诚乾印刷有限公司
版　　次　2020 年 10 月第 1 版
印　　次　2020 年 10 月第 1 次
开　　本　880mm×1230mm　1/32
印　　张　3.75
彩　　插　4 面
字　　数　112 千字
定　　价　38.00 元

“特色经济林丰产栽培技术”丛书

编辑委员会

《特色经济林丰产栽培技术——杜仲》编委会

主　　编：刘　劲

编写人员：刘　劲　安　荣　李廷颖

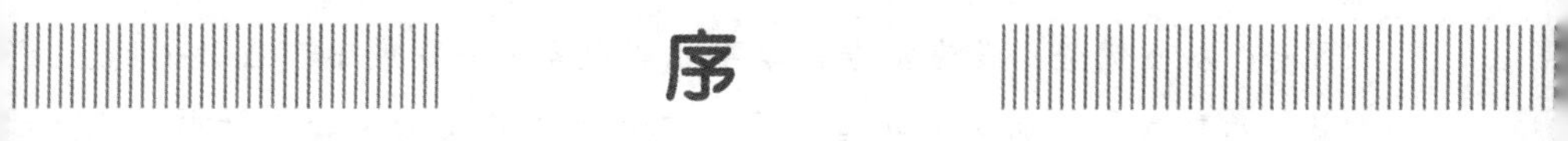

序

党的十八大以来，习近平总书记围绕生态文明建设提出了一系列新理念、新思想、新战略，突出强调绿水青山既是自然财富、生态财富，又是社会财富、经济财富。当前，良好生态环境已成为人民群众最强烈的需求，绿色林产品已成为消费市场最青睐的产品。在保护修复好绿水青山的同时，大力发展绿色富民产业，创造更多的生态资本和绿色财富，生产更多的生态产品和优质林产品，已经成为新时代推进林草工作重要使命和艰巨任务，必须全面保护绿水青山，积极培育绿水青山，科学利用绿水青山，更多打造金山银山，更好实现生态美百姓富的有机统一。

经过70年的发展，山西林草经济在山西省委省政府的高度重视和大力推动下，层次不断升级、机构持续优化、规模节节攀升，逐步形成了以经济林为支柱、种苗花卉为主导、森林旅游康养为突破、林下经济为补充的绿色产业体系，为促进经济转型发展、助力脱贫攻坚、服务全面建成小康社会培育了新业态，提供了新引擎。特别是在经济林产业发展上，充分发挥山西省经济林树种区域特色鲜明、种质资源丰富、产品种类多的独特优势，深入挖掘产业链条长、应用范围广、市场前景好的行业优势，大力发展红枣、核桃、仁用杏、花椒、柿子“五大传统”经济林，积极培育推广双季槐、皂荚、连翘、沙棘等新型特色经济林。山西省现有经济林面积1900多万亩，组建8816个林业新型经营主体，走过了20世纪六七十年代房前屋后零星种植、八九十年代成片成带栽培、21世纪基地化产业化专业化的跨越发展历程，林草生态优势正在转变为发展优势、产业优势、经济优势、扶贫优势，成为推进林草事业实现高质量发展不可或缺的力量，承载着贫困地区、边远山区、广大林区群众增收致富的梦想，让群众得到了看得见、摸得着的获得感。

随着党和国家机构改革的全面推进，山西林草事业步入了承前启后、继往开来、守正创新、勇于开拓的新时代，赋予经济林发展更加艰巨的使命担当。山西省委省政府立足践行“绿水青山就是金山银山”的理念，要求全省林草系统坚持“绿化彩化财化”同步推进，增绿增收增效协调联动，充分挖掘林业富民潜力，立足构建全产业链推进林业强链补环，培育壮大新兴业态，精准实施生态扶贫项目，构建有利于农民群众全过程全链条参与生态建设和林业发展的体制机制，在让三晋大地美起来的同时，让绿色产业火起来、农民群众富起来，这为山西省特色经济林产业发展指明了方向。聚焦新时代，展现新作为。当前和今后经济林产业发展要走集约式、内涵式的发展路子，靠优良种源提升品质、靠管理提升效益、靠科技实现崛起、靠文化塑造品牌、靠市场打出一片新天地，重点要按照全产业链开发、全价值链提升、全政策链扶持的思路，以拳头产品为内核，以骨干企业为龙头，以园区建设为载体，以标准和品牌为引领，变一家一户的小农家庭单一经营为面向大市场发展的规模经营，实现由“挎篮叫买”向“产业集群”转变，推动林草产品加工往深里去、往精里做、往细里走，以优品质、大品牌、高品位发挥林草资源的经济优势。

正值全省上下深入贯彻落实党的十九届四中全会精神，全面提升林草系统治理体系和治理能力现代化水平的关键时期，山西省林业科技发展中心组织经济林技术团队编写了“特色经济林丰产栽培技术”丛书。文山同志将文稿送到我手中，我看了之后，感到沉甸甸

的，既倾注了心血，也凝聚了感情。红枣、核桃、杜仲、扁桃、连翘、山楂、米槐、皂荚、花椒、杏10个树种，以实现经济林达产达效为主线，围绕树种属性、育苗管理、经营培育、病虫害防治、圃园建设，聚焦管理技术难点重点，集成组装了各类丰产增收实用方法，分树种、分层级、分类型依次展开，既有引导大力发展的方向性，也有杜绝随意栽植的限制性，既擘画出全省经济林发展的规划布局，也为群众日常管理编制了一张科学适用的生产图谱。文山同志告诉我，这套丛书是在把生产实际中的问题搞清楚、把群众的期望需求弄明白之后，经过反复研究修改，数次整体重构，经过去粗取精、由表及里的深入思考和分析，历经两年才最终成稿。我们开展任何工作必须牢固树立以人民为中心的思想，多做一些打基础、利长远的好事情，真正把群众期盼的事情办好，这也是我感到文稿沉甸甸的根本原因。

科技工作改善的是生态、服务的是民生、赋予的是理念、破解的是难题、提升的是水平。文稿付印之际，衷心期待山西省林草系统有更多这样接地气、有分量的研究成果不断问世，把经济林产业这一关系到全省经济转型的社会工程，关系到林草事业又好又快发展的基础工程，关系到广大林农切身利益的惠民工程，切实抓紧抓好抓出成效，用科技支撑一方生态、繁荣一方经济、推进一方发展。

山西省林业和草原局局长

2019年12月

前言

杜仲(*Eucommia ulmoides*)，又名思仲、思仙、仙仲、木棉、丝棉树、玉丝皮等，多年生落叶乔木，为杜仲科(Eucommiaceae)杜仲属(*Eucommia*)植物，单属单种，是极为重要的药用树木和橡胶资源树木。在第四纪冰期来临后，杜仲在欧洲和其他地区相继消失，它是仅在中国中部存活至今的地质史上残留下来的第三纪孑遗植物、是“活化石”植物，它是我国的特有植物，也是国家二级保护野生植物，现在我国27个省(自治区、直辖市)均有引种栽植。

中华人民共和国成立以来，党中央、国务院一直高度重视杜仲橡胶工业及相关产业的发展。尤其是近年来，先后出台了一系列文件，有效地推动了杜仲产业的健康发展。2011年，国家发展改革委员会调整项目指南将“天然橡胶及杜仲种植生产培育”列入农林产业支持范围。2014年12月26日，国务院办公厅下发《国务院关于加快木本油料产业发展的意见(国办发〔2014〕68号)》，明确将杜仲列入重点支持发展的木本油料树种。2015年2月1日，中共中央、国务院印发《关于加大改革创新力度加快农业现代化建设的若干意见》，强调要加快转变发展方式，启动天然橡胶生产能力建设规划。2016年12月，国家林业局印发了《全国杜仲产业发展规划(2016—2030年)》，规划的制定将有利于国家实施精准扶贫战略，让百姓切实享受到“绿水青山就是金山银山”的实惠。

长期以来，国内外专家学者经过长期科研攻关，选育出了一批高产杜仲橡胶(亚麻酸油、药、雄花)良种，在高效栽培资源综合利用、关键加工技术和装备、产品开发等方面，特别是近几年来在杜仲橡胶提取和应用方面的研究成果取得突破性进展，为杜仲的产业化、规模化、集约化、可持续健康发展奠定了坚实基础。

为贯彻落实国家重要决策部署，促进我国杜仲产业健康有序发展，特编写了本书。本书基于实际生产过程和最新科研成果编撰而成。全书共分为8章，详细介绍了杜仲的种质资源、苗木繁育及建园技术，内容包括：概述、生物学与生态学特性、种质资源与种类、苗木繁育、杜仲园建立、杜仲园管理、病虫害综合防治技术、采收和加工利用等。本书前言、第一、三、四、五章及附录由刘劲编写，第二、六、七章由安荣编写，第八章由李廷颖编写。全书由刘劲审定统稿。

本书的编写得到了各位专家老师的鼎力支持。在编写过程中参阅了许多国内的相关资料、图书及部分研究成果，在本书出版之际，谨向原作者表示衷心的感谢！向各位专家、老师表示衷心的感谢！

鉴于编者水平所限，书中疏漏之处在所难免，真诚希望广大读者提出宝贵意见，以便今后修订。

刘　劲

2019年8月

目 录

第一章 杜仲概述

一、杜仲经济价值与生态价值

杜仲全身是宝，目前对杜仲的开发呈现全方位的趋势，从传统的中药杜仲树皮，到杜仲叶、花、果实、种子，乃至杜仲的内生真菌都得到了科研工作者的广泛关注，立足杜仲资源综合开发利用的系列研究成果也逐渐展现。

（一）杜仲叶

杜仲叶与杜仲树皮的成分相似。杜仲树皮含杜仲胶、糖苷、生物碱、果胶、脂肪、树脂、有机酸、水解前酮糖、水解后酮糖、维生素，以及醛糖和绿原酸等成分。同时，杜仲叶中不含任何兴奋物质和激素类物质。杜仲叶除了具有降压、抗衰老、抗氧化等作用外，还具有减肥作用，以及用作新型饲料等其他方面的利用，同时还可作为饲料添加剂。

1. 杜仲叶功能食品

随着对杜仲叶医疗保健功能的认识逐步深入，以杜仲叶为原料的杜仲功能食品的研究开发已逐步开展。目前，国内杜仲功能食品的生产厂家已达到20余家。开发的主要品种有杜仲茶、杜仲晶、杜仲冲剂、杜仲口服液、杜仲酒、杜仲纯粉、杜仲酱油、杜仲醋、杜仲可乐、杜仲咖啡、杜仲面粉、杜仲米粉等。

杜仲叶是功能性食品开发最多的也是最早的一种，杜仲叶和杜仲花可以直接或通过简单的炮制来加工杜仲茶等保健饮料。杜仲茶中含有多种活性物质，如绿原酸桃叶珊瑚苷、黄酮等，而且总氨基酸含量比铁观音、大叶乌龙等名茶要高，不仅营养丰富且香气和口味都很纯正。杜仲的功能产品主要以提取物浸膏为主要原料，辅以其他原辅料，配制成饮品，比如杜仲可乐不仅含有多种活性成分且口感好。此外还有杜仲挂面、杜仲酱等。

2. 杜仲叶饲料的开发

继瘦肉精、三聚氰胺等食品安全问题暴露之后，国内外对食品安全问题越发重视。一些饲料所含的添加剂虽能起到增加家禽、家畜产量和抗病的目的，但也导致了家禽、家畜产品产生有害物质，对人体造成危害。在保证饲料中的添加剂和抗生素符合国家规定的基础上，天然的中草药饲料添加剂逐渐体现出了自己的优势。

杜仲为传统的中药，其主要发挥抗病作用的成分为绿原酸。杜仲叶也是良好的畜禽功能饲料，四川等地很早就有利用杜仲叶喂养家畜的习惯。近年来的研究表明，以杜仲叶及其提取物作为家禽、家畜的饲料添加剂，不仅能预防家禽疾病的发生，减少预防用药，增加食用安全性，还能提高食用品质，增强口感。利用杜仲叶喂养动物，能够明显改善畜禽和水产品的肉质和风味。我国研究杜仲叶饲养动物的工作刚刚开展，没有形成规模化生产，杜仲饲料添加剂还没有投放市场。日本在利用杜仲叶做茶叶和保健品的同时，开展了杜仲叶饲喂动物的研究和开发工作。据日本报道，以杜仲叶作为饲料添加剂，一般可提高产蛋鸡的产蛋量50%左右，延长产蛋高峰期50%左右，如用1%的杜仲粉添加到鸡饲料中可使老龄鸡产蛋率提高28%。可以使鸡的产蛋率提高30%~40%，使鸡蛋中胆固醇含量降低24%左右，饲料需求量降低近10%，鸡蛋中的钙含量提高16%，而在热带的马来西亚养鸡场还发现，经喂食杜仲叶饲料添加剂后，雏鸡的死亡率由原来的4~5天内死亡7%下降到1%。用杜仲叶饲喂的鳗鱼，鳗鱼肉中的胶原蛋白可增加1.6倍以上，中性脂肪可减少20%左右，从而使其肉又嫩又香，很受欢迎。用杜仲叶饲养鱼、虾、蟹、甲鱼、鳗鱼、食用蛙等时，也有较好的效果。在水产养殖和家畜养殖中的应用，不仅提高了饲料的营养价值，又能加快

牲畜的生长速度且能使肉质鲜嫩。

在一般饲料中可根据不同生育阶段加入不同量的杜仲叶粉进行混配，通常加杜仲叶粉的比例为2.5%~10%。杜仲叶功能饲料加工技术简单，市场广阔，成本低、见效快。但还是要在此建议，在对杜仲饲料添加剂开发时，不要再采取杜仲粉的方式，而是通过杜仲叶浸膏或浸提取液的方式，只提取杜仲叶的有效成分，将其废渣作为杜仲胶的原料，以提高杜仲叶的综合开发利用效益。因此，合理开发杜仲叶功能饲料，对提高我国肉蛋质量，改善人体营养状况具有重要意义。

（二）杜仲雄花

杜仲为雌雄异株树种，其中雄株占40%~60%。杜仲雄花簇生于雄株的当年生枝条基部，花量大，采集容易。在我国现有杜仲资源中，杜仲雄株的面积约为18万公顷，其中进入开花年龄的约5万公顷，年产雄花达1000吨以上，开发杜仲雄花具有丰富的资源保障。

以前杜仲的雄花仅用作授粉，大量雄花在每年春季完成授粉后就自然脱落，造成杜仲雄花资源的浪费。近年以杜仲雄花的雄蕊和花芽为主要原料研制生产出杜仲雄花茶，向人们提供了一种新的健康饮品。杜仲雄花茶具有迅速解除人体疲劳、抗衰老、提高人体免疫力的作用。不仅充分利用杜仲雄花资源，而且开拓杜仲综合利用的新途径。杜仲雄花茶与一般杜仲叶茶比较具有以下特点：①杜仲雄花呈天然绿色，雄蕊呈条形，长0.8~1.5厘米，很适合制成天然健康茶。②利用杜仲雄花加工的杜仲雄花茶，茶体呈条形或丛状，不需要和其他茶种配合，具有汤色黄绿、清新微甜、速溶的特点。③杜仲雄花茶完全具备杜仲叶茶所具有的有益人体健康的功能。④杜仲雄花茶无论从茶体、形状、颜色、口感等方面都明显优于杜仲叶茶。目前，杜仲雄花茶加工技术已申请国家发明专利。但是，杜仲雄花茶的开发还处于起步阶段，产品还没有真正进入市场。

（三）杜仲果实

杜仲种子油脂含量为35.5%，富含11种脂肪酸，其主要成分包括亚油酸（10.66%）、油酸（16.9%）、棕酸（6.03%）、硬脂酸（1.96%）、亚麻酸（63.15%）等，成分中以不饱和脂肪酸为主，含量高达91.26%，其中尤以亚麻酸含量最高；杜仲种子中氨基酸含量丰富，而且必需氨基酸和半必需氨基酸含量都较高，其他的氨基酸种类也比较齐全。以杜仲果实为原料提取的高品质杜仲油为保健食品新资源，含α-亚麻酸，具有降血压、血脂，促进神经系统、脑和视网膜的发育，预防老年痴呆症和过敏症、抗肿瘤等作用，具有很高的营养价值及功效作用，现有高档食用油、医药用油、高档化妆用品及其微胶囊化功能新产品开发出来。充分利用杜仲种子内氨基酸含量高的优点，将其应用于食品、饲料添加剂、化妆品、香味剂、苦味剂、调味剂、抗氧化剂、医药等方面，将会带来很大的应用价值。

（四）杜仲木材

在杜仲木材中，经有关专家检测，含有一定的杜仲有效成分，长期使用，对人体具有一定的保健作用。杜仲木材材色洁白、有光泽、木质坚韧、不易裂、纹理细致、匀称、无边材与心材之分、美观耐用的特点。木材重（气干容重0.762克/立方厘米；干缩小，体积干缩系数0.385%），不易遭虫蛀。目前开发的主要产品有杜仲烙花筷、杜仲牙签、杜仲保健按摩器、杜仲擀面杖等各种工具把柄，深受广大用户欢迎。杜仲木材还可用于制造家具、农具、船架和甲板，也可作为建筑镶嵌装饰用材、雕刻木材等。

（五）杜仲在医药产品方面的价值

杜仲树皮自古便以名贵药材而著称。早在2000年前，我国的第一部药书《神农本草经》中便明确记载了杜仲皮的药效："主治腰脊疼，补中，益精气，坚筋骨，强志，除阴下痒湿，小便余沥。久服轻身不老。"书中把杜仲称为药中上品，并称属上品者，可多服、久服，无毒或微毒，有明显滋补、强壮之功效。说明当时即对杜仲的药用价值有较高的评价。现代药理研究表明，杜仲中含有多种药理活性成分，主要包括木质素、环烯醚萜类、苯丙素类及其他萜类化

合物等。其中，证实木质素类化合物松脂醇二葡萄糖苷(PDG)是杜仲皮中的主要降压成分；苯丙素类化合物绿原酸(CA)具有广泛的抗菌、抗病毒、抗诱变、抗肿瘤作用，还具有抗反转录酶的活性，可作为抵抗艾滋病毒的先导化合物。环烯醚萜类化合物中，京尼平苷酸(GPA)可抗癌、抗衰老、抗健忘、降压及提高人体性功能等；京尼平苷(GP)能保肝、利胆、抗癌和解毒等；桃叶珊瑚苷(AU)具有保肝、镇痛、抗菌消炎及降压等作用，临床上还可促进伤口愈合。因而，杜仲皮、叶不仅可以入药，还可以提炼成各种保健品。此外杜仲果实含有大量的杜仲油，杜仲籽油富含α-亚麻酸。而α-亚麻酸是人体必需脂肪酸，在体内极易代谢为DHA。DHA是大脑灰质的主要组成成分之一，是视网膜的组成成分，具有明显的降压作用和预防脑血栓和心肌梗死及抗肿瘤作用。

目前，针对杜仲的医药产品的开发又可以分成两个方面。一方面以原药材为主，进行中成药开发或直接和其他中药配制入药，如杜仲平压片、杜仲颗粒、杜仲壮骨胶囊、强力天麻杜仲丸等；另一方面是从皮、叶或果实中分离出一些具有药理活性的化学成分，以杜仲提取物开发的天然产物作为药用原料添加，如绿原酸、京尼平苷等。目前杜仲酊、杜仲片或复方杜仲片临床上用来治疗高血压。随着杜仲研究的逐步深入，杜仲在医药领域的应用范围也在逐步扩大。

返璞归真的热潮加之杜仲无毒性的特点，提升了杜仲保健品开发的热度。20世纪80年代，我国杜仲保健品开发起步，经过近30年的发展，我国现已开发出了杜仲茶、杜仲花提取物胶囊、杜仲口服液、杜仲饮料等产品，但是大多为粗制剂，技术含量低，市场没有打开。此外，还有杜仲饼干、杜仲糖、杜仲口香糖、杜仲方便食品等近300个品种。种种迹象表明，杜仲将成为21世纪继银杏叶之后最具开发价值的药品、保健食品资源之一。目前，加强我国杜仲保健知识的普及，及其产品的宣传推广，对杜仲市场在国内的拓展具有深远的影响。

（六）杜仲胶的应用开发

杜仲胶是一种特殊的天然高分子材料，国际上习惯称杜仲胶为“古塔波胶”（Gutta-Percha）或“巴拉塔胶”（Balata），是普通天然橡胶（三叶橡胶）的同分异构体，其化学结构为反式-聚异戊二烯，其开发史可追溯到19世纪40年代。因其具有在室温下质硬、熔点低、易加工的特点，是良好的绝缘材料，且它耐酸、耐碱、耐海水腐蚀，长期以来用作塑料代用品，主要用作海底电缆、高尔夫球、假发基等的原料。

杜仲树的叶、树皮和果皮中存在一种细长、两端膨大、内部充满橡胶颗粒的丝状单细胞，它是杜仲胶合成和贮藏的场所，杜仲中杜仲胶的含量极为丰富。随着对杜仲胶硫化过程规律性认识的深入，以杜仲叶为原料提取杜仲胶的新工艺已经取得专利。杜仲橡胶具有独特的橡胶和塑料双重特性，能够开发出橡胶弹性、热塑性和热弹性等三大类功能和工程材料。由于杜仲橡胶特殊的物理性质，具有抗撕裂、耐磨、防腐蚀、透雷达波、储能、吸能、换能、减震、形状记忆等优点，可应用于汽车工业、高铁、通讯、医疗、电力、水利、建筑运动竞技等领域。杜仲胶作为热塑性材料具有低温可塑加工性、可开发具有医疗、保健、康复等多用途的人体医用功能材料。如杜仲胶保健护腰板，代替医用石膏功能的骨折夹板等；作为热弹性材料具有形状记忆功能，还具有储能、吸能、换能特性等，可开发许多新功能材料；作为橡胶弹性材料具有寿命长、防湿滑、滚动阻力小等优点，是开发高性能绿色轮胎的极好材料。杜仲橡胶制造的飞机、汽车轮胎使用寿命提高20%，汽车油耗降低2.5%，1吨杜仲橡胶轮胎可以减少70吨汽油消耗，是开发高质量防爆轮胎的上佳材料，被国际社会誉为“绿色轮胎”。杜仲橡胶具有优良的绝缘性、耐水、耐酸碱腐蚀等性能，可用于水下管线和海底电缆。由于杜仲制品还有质轻、干净、操作方便、透X线、耐磨、随体性好等特点，可制成假肢套、运动安全护具、矫形器、温控开关、多用途形状记忆接管、防水堵漏材料、雷达密封材料、轮胎等，杜仲胶应用广泛，

可望开发成一类新型材料应用于国防、交通、通信、电力水利、建筑等国民经济建设的各个领域。

由于国内外对杜仲胶的研究没有在机理和加工技术上找到突破口，长期处于滞停不前的境地，相关文献极少，只进行了一些结构表征研究工作，如杜仲胶的红外、DTA、X-射线射及显微分析等，弹性研究的应用也只局限于海底电缆、高尔夫球、假发基等方面。20 世纪 50 年代以来，合成塑料的高速发展又给杜仲胶本来很窄的应用范围带来新的冲击，致使杜仲胶研究开发濒临停顿。多年来，不少科学家一直试图将杜仲胶加工成高弹性体，均未取得实质性突破。1984 年，我国“反式-环异成二烯硫化橡胶的制法”的问世标志着杜仲胶的研究与开发进入了一个新纪元。严瑞芳等国内众多学者围绕杜仲胶这一高分子材料进行了一系列基础与应用开发研究，取得了较大的进展。

（七）生态价值

杜仲树干笔直，树形优美，枝繁叶茂，树冠圆整，具有较强的观赏性。杜仲易于栽培，较耐瘠薄，耐粗放管理，杜仲抗性强，病虫害较少，对土壤要求不高、不仅可以作为优秀的水土保持树种，还可以应用于园林绿化中，杜仲有两种种内变异类型可以作为观赏园艺的优良树种。

1. 紫叶杜仲

每年春季刚抽生出的嫩枝绿色，嫩叶黄褐色，正面中脉黄绿色；成熟枝条、叶片正面呈紫色，背面和正面中脉为绿色，叶卵形，全株显得十分美观，胜似紫叶李，观赏价值极高。紫叶杜仲富含绿原酸和总黄酮，还可作为优良药用品种。

2. 叶丛枝杜仲

叶片密，叶柄短小，枝条节间短，为普通杜仲的 1/3 ~ 1/2，呈莲座状的短枝，枝条粗壮呈棱形，冠形紧凑，分枝角度小，仅为 25°~ 35°，枝叶密集葱郁，秀丽别致，可作为园林观赏树种。

二、杜仲起源与栽培历史

杜仲是我国特有的名贵树种，生长期长，十余年方能开花结果，是世界珍稀树种，只有在我国中部少数山区才能见到天然野生杜仲。杜仲的叶、雄花、果实中富含改善细胞活力的核酸、抗癌作用强的绿原酸，其含量比其他植物高出十几倍。中国古代医药学家对杜仲的认识与药用保健研究已有两千多年的历史。第一部药书《神农本草经》和明代医圣李时珍所著的《本草纲目》，都详尽记载了杜仲的药用与保健功能，杜仲无毒，对人体无任何副作用。两部巨著都把杜仲列为中药上品，古往今来，杜仲都是誉满中外的地道药材。

杜仲首载于《神农本草经》，明确了杜仲皮的药效。魏晋南北朝时《名医别录》谓其"生上虞山谷及上党、汉中。二月、五月、六月采皮"，即今秦岭北坡地区。《本草经集注》云："上虞在豫州，虞虢之虞，非会稽上虞县也。今用出建平、宜都者。状如厚朴，折之多白丝为佳。"《蜀本草》"〈图经〉云：生深山大谷，树高数丈，叶似辛夷，折其皮多白绵者好。"宋代苏颂（1061 年）编撰的《本草图经》云"今出商州、成州，峡州近处大山中亦有之……亦类柘，其皮类厚朴，折之内又白丝相连。二月、五月、六月、九月采皮用。江南人谓之櫋。初生叶嫩时采食……谓之櫋芽。"认为杜仲嫩叶具有"作疏"和治病双重功效。明代伟大医学家李时珍在《本草纲目》中记载："杜仲古方只知滋肾，唯王好古言是肝经气分药，润肝燥，补肝虚，发昔人所未发也。盖肝主筋，肾主骨。肾充则骨强，肝充则筋强。屈伸利用，皆属于筋。杜仲色紫而润，味甘微辛，其气温本。甘温能补，微辛能润。故能入肝而补肾，子能令母实也"。这就是说杜仲能起到补肝肾、强筋骨的作用，无毒性，"久服，轻身耐老"。民国时期《药物出产辨》称其"产四川贵州为最"。近代科学又进一步证实了杜仲中天然活性成分，营养成分和矿质元素，含量比其他植物高，对人体抗衰老作用明显。

考察历代本草记载杜仲产地可以发现，杜仲首先利用秦岭大巴

山北坡资源，逐渐向南发展，当代的杜仲人工纯林种植也使湖北西南部、湖南西部慈利、石门成为杜仲主产区之一，并且因为野生资源的消耗，湖北、湖南的人工杜仲林逐渐成为杜仲药材的主要来源。直到近代，科学家相续发现杜仲胶和杜仲皮、叶降压、保健新疗效后，杜仲的开发利用进一步发展。在国内外大量研究资料证实杜仲叶的药用有效成分与杜仲皮基本相同、药用功能基本一致的基础上，我国将杜仲叶正式列入《中华人民共和国药典》(简称《中国药典》)2005年版。

在我国，杜仲的栽培历史非常久远，栽培过程中积累了丰富的经验。杜仲的栽培发展史大致可分为3个时期，即1952年前群众自发栽培应用时期，1953—1983年集中发展时期，1983年后的杜仲产业基地建设时期。现今，杜仲在我国亚热带到温带的27个省(自治区、直辖市)均有栽培，分布范围十分广泛。主要栽培区域包括河南、湖南、湖北、贵州、陕西、四川、浙江、安徽、云南、江苏、山东、江西、重庆、福建、甘肃等省(自治区、直辖市)，种植面积约35.80万公顷，栽培面积占世界杜仲资源总面积的99%(表1-1)。

表1-1　全国杜仲主要栽植面积与分布

省（自治区、直辖市）	种植面积（万公顷）	主要分布区域
北京	0.10	朝阳区“杜仲公园”、海淀区万象河路沿线
河北	0.40	安国
山西	1.20	运城(闻喜有规模化繁育基地200余公顷)、临汾、长治、晋城
辽宁	0.10	大连、沈阳、锦州、兴城、盖县、营口、海城等地
吉林	0.05	主要分布在大安市和集安市
上海	0.02	零星分布于道路和公园区
江苏	1.50	南京、响水县、射阳县、如东县
浙江	0.30	天目山脉(安吉、余杭、鹭鸟、红桃山)
安徽	0.90	皖东丘陵区、皖西大别山区和皖南山区(池州、黄山、滁州和安庆等地)

（续）

省（自治区、直辖市）	种植面积（万公顷）	主要分布区域
福建	0.40	武夷山、三明、宁德等地
山东	2.00	东部沿海和鲁中南沙石山区（日照、青岛、烟台、临沂、莱芜、济宁、枣庄）
江西	1.60	宁冈、赣县、广丰、武宁、德兴、安福、黎川、修水、萍乡、分宜等县市
河南	3.39	伏牛山区（嵩县、栾川、汝阳、南召、镇平、内乡、西峡），熊耳山（卢氏、灵宝），桐柏山区（桐柏），大别山区（新县、信阳）
湖北	3.33	鄂西山地（鹤峰、成丰、宣恩、恩施、建始、巴东、秭归、兴山）及鄂西北（郧西县等）
湖南	3.36	湘西北山（石门、慈利、张家界、桑枝、永顺、龙山）
广东	0.10	粤北北部（南雄、仁化、乐昌、连平、和平、始兴、乳源、连县、连南、连山）
广西	0.50	大苗山
重庆	2.80	全市各县区均有种植（南川最为著名）
四川	3.80	大巴山以南邛崃山，大小相岭以西的川东、川北地区（广元、旺苍、巴中、平武、城口等区县）
贵州	2.61	娄山山脉和苗岭山地各县（遵义、江日、习水、正安、石阡、西、大方、织金、湄潭、桐梓、翁安、黄平、开阳、关岭、镇宁）
云南	0.20	乌蒙山脉的滇东北地区（富源、昭通）
陕西	5.46	秦岭山地以南、大巴山以北（汉中、安康），渭北丘陵山区（成阳、铜川、渭南、延安等）
甘肃	1.67	小陇山林区、陇南林区（华亭、文县、微县、成县、武都、康县、天水、两当县等）
新疆	0.01	库尔勒、托克逊、石河子、沙湾、昌吉、乌鲁木齐等地
合计	35.80	

三、杜仲产业化发展

（一）杜仲市场行情

杜仲树生长期较长，树龄至少10年，取树干皮，干皮厚度才能达到0.2厘米以上的药用标准，从质量和产量要求，杜仲树以20~25年采剥为宜。而且生长年限越长，品质越好，价格也会更高。

从历史走势来看，1989—1991年杜仲价格达顶峰，当时杜仲枝皮最高时40元/千克左右，厚板皮最高价时达80元/千克左右。随后一直下行，1995年后，杜仲行情出现大跳水，当年由35元下滑至31.5元，下降幅度达到10%，1996—2000年连续5年下滑，每年下滑幅度分别为11%、21%、32%、47%，直至2000年杜仲价格跌势转稳于8元左右。此6年间，杜仲行情总下滑幅度达到了77.14%（由35元下降至8元）。2001年杜仲行情出现维持不到一年的反弹期，但很快就被庞大的供应量(10年前发展种植的逐渐进入收获期)打压下去。从2002年10月开始，杜仲开始了长达9年的低谷期，期间最低行情7元。到2003年探底时，安国药市最低价4.7~5元/千克，之后5年毫无上涨。

2009年年末到2010年，受中药材市场行情大范围回暖、市场大盘拉升人气和生产成本提高的影响，杜仲行情出现上扬，由9.3元上升至18元，接近翻倍。此后受供大于求的关系影响，杜仲迅速回调到10元左右，基本上稳定在11元/千克左右，特别是保健品的兴起，枝皮也被广泛利用。2011年杜仲板统货价12~13元/千克，加工好箱装统货14.5元/千克左右，2012年杜仲的统货价格为11~12元/千克，2厘米以上板皮成交价13~14元/千克，加工好箱装统货14.5元/千克左右，优质板皮售价16~17元/千克；2013—2014年，杜仲皮药材的价格在11元/千克左右，饮片的批发价在11~15元/千克。2015年至今，杜仲行情较为平稳，波动起伏不大(表1-2)。

表 1-2　杜仲 2014~2019 年市场行情走势　　元

年份	1月	2月	3月	4月	5月	6月	7月	8月	9月	10月	11月	12月
2014	11	11	11	11	11	10.5	11	11	11	10	10	10
2015	10	10.5	10.5	10.5	11	11	11	11	11	11	11	11
2016	11	11	11	11	11	11	11	11	11	11	11	11
2017	11	11	11	11	11	11	11	11	11	11	11	11
2018	11	11	11	11	11	11	11	11	11.5	11.5	11.5	11.5
2019	11.5	11	11	11	11							

根据海关信息网有关数据统计，截至 2017 年 12 月末，我国杜仲(杜仲皮、杜仲叶、果实等)出口量达到 2950.74 吨，同比增长 11.07%；出口额大约为 11002 千美元，同比下滑 29.40%；出口均价为 3.73 美元/千克，同比下滑 36.43%。由表 1-3 可知，杜仲出口价格下滑严重，而且出口量一直不太稳定，起伏较大。

表 1-3　2009—2017 年我国杜仲出口情况

年份	出口量(吨)	出口额(千美元)	价格(美元/千克)
2009	2064.4	2771	1.34
2010	2314.69	4536	1.96
2011	6790.74	12594	1.85
2012	6030.14	14917	2.47
2013	9257.56	47283	5.11
2014	1935.93	11371	5.87
2015	711.3	4030	5.67
2016	2656.66	15582	5.87
2017	2950.74	11002	3.73

10~15 年生的杜仲林地，平均单株产杜仲皮 8~10 千克，每亩(1 亩 =1/15 公顷，下同)产干皮 1200~1440 千克；平均单株产干叶 4 千克，每亩每年干叶收获量 562.5~656.2 千克；12 年生单株材积 0.04 立方米，每亩蓄积量 5.8 立方米。若按市场平均收购价计算，杜仲皮每千克 160 元，叶每千克 40 元，木材每立方米 450 元，到第 12 年，每亩总收入 25000~31000 元之间，若扣除各种费用，每年每

亩净收入 15000~20000 元。

(二)杜仲产业发展现状

1. 资源分布范围广，适宜栽培区域大

我国是现存杜仲的原产地，杜仲种植面积约为 35. 8 万公顷，占世界杜仲资源总量的 99% 以上。适生区地理分布在北纬 24. 5°~41. 5°，东经 76°~126°，南北横跨 17°约 2000 千米，东西横跨 50°达 4000 千米左右；垂直分布范围约在海拔 2500 米以下，杜仲适生区域分布在全国 27 个省(自治区、直辖市)，包括北京、吉林、辽宁、天津、河北、河南、内蒙古、宁夏、新疆、甘肃、陕西、山西、山东、江苏、安徽、上海、浙江、福建、江西、湖南、湖北、四川、重庆、云南、贵州、广东、广西。杜仲种植区集中在贵州、湖南、四川、湖北、陕西、河南、重庆、甘肃、安徽、江西等地，江苏、广西、云南、山西、山东、河北、北京、新疆等地也都引种成功。杜仲在其自然分布区内，无论是丘陵山区还是平原沙区均生长良好。

2. 以传统药用栽培模式为主

目前，我国杜仲种植资源基本以传统药用栽培模式为主。近年来，随着杜仲果园化、杜仲雄花园、短周期杜仲皮、叶、材兼用林等新型高效栽培模式取得了突破，在河南、山东、湖南、甘肃等省(自治区)扶持企业和农户发展新型高效栽培模式种植，相继建立了一批杜仲良种繁育基地和高效栽培示范基地，2015 年杜仲良种接穗生产 1000 万个，预计 2016—2017 年，我国年生产杜仲良种接穗 500 万~1 亿个，2020 年将达 10 亿个。随着杜仲良种供应能力的明显提高，良种及新的栽培模式推广力度越来越大，规模化栽培的趋势越来越明显。

3. 资源培育及综合利用取得突破

坚持科学育种，已经审定推广一批定向培育的杜仲优良品种。中国林业科学研究院通过坚持长期定向选育杜仲优良品种，目前已经选育出果用、雄花用、皮用、叶用以及观赏型等优良品种和优良无性系 30 余个，并开始在生产中推广应用。杜仲良种丰产园产皮量提高 97.8%~162.9%、产果量提高 31.38~40.17 倍、产叶量提高 135.6%~279.1%，产花量提高 15.6~19.1 倍，杜仲橡胶产量提高了 30~40 倍，经过 3 次大规模的全国性杜仲种质资源调查收集工作，在全国 27 个省（自治区、直辖市）杜仲栽培区收集杜仲种质资源 1300 余份，建立了世界上最大且唯一的占地面积达 20 余公顷的杜仲基因库，完成了杜仲全基因组测序并挖掘了杜仲橡胶和主要活性成分相关的功能基因。

（1）创新栽培模式，解决杜仲资源产业化利用的瓶颈制约

通过改进传统药用栽培模式，研究形成了杜仲果园化栽培模式、雄花园栽培模式、短周期叶皮材兼用林高效栽培模式、材药兼用栽培模式、立体经营模式以及杜仲嫁接繁育技术、杜仲剥皮再生技术、树体和土壤营养调控技术、主要病虫害防治技术等一系列科研成果，实现了杜仲培育技术的历史性突破和重大创新。

（2）产品研发成果，为杜仲资源综合利用找准市场定位

围绕杜仲生物提胶、重要活性成分提取分离等关键技术，成功研发了杜仲橡胶提取新工艺，攻克了杜仲橡胶、杜仲亚麻酸油的高效分离和综合利用等技术难关。紧密结合市场需求，“杜仲雄花茶及其加工方法”“杜仲油抗氧化保鲜方法及其软胶囊生产技术”“杜仲功能饲料”等一批研发成果获得国家发明专利，杜仲雄花茶、酒、饮料，杜仲 α-亚麻酸软胶囊，杜仲挂面，杜仲香菇、木耳、灵芝，杜仲蛋（鸡）肉、鱼等产品开发成功并受到市场欢迎。

（3）杜仲产品应用领域不断延伸

国内林业、化工（橡胶）、医疗、制药等领域的科研院所和高等院校不断开展杜仲橡胶试验研究，发现了杜仲橡胶新材料在运动医学、高铁制造、精密仪器、汽车轮胎等领域的许多应用价值。杜仲橡胶制作的汽车轮胎在使用两年后基本没有磨损，代替石膏治疗骨折患者的试验取得成功，在遥感卫星天线上的应用达到国际领先水平，在高铁轨道减震方面抗疲劳能力远远高于其他材料，杜仲橡胶作为一种新型功能材料，其应用领域迄今为止还在不断被研究发现。

同时，在杜仲医药、功能食品饮品、保健品等产品研发方面也将不断取得新突破。

4. 杜仲产业态势良好

为推动现代杜仲产业健康发展，2011 年国家发改委颁布的《产业结构调整指导目录》《战略新兴产业重点产品和服务指导目录》《当前优先发展的高技术产业化重点领域指南》，明确提出鼓励“杜仲种植生产”“新型天然橡胶的开发与应用”“杜仲橡胶生产技术及装备”研发等。国家林业局连续支持杜仲育种、高效栽培与产品研发等重大课题立项，批准成立了“国家林业局杜仲工程技术研究中心”，将杜仲培育纳入《全国经济林发展布局规划》，并在林业财政补贴、产业政策等方面予以支持。随着人们对杜仲产业前景认识的不断深入、杜仲重要研究领域的重大突破，以及国家政策支持扶植力度的加大，杜仲产业发展受到了社会的空前关注，一些大型企业、民间资本已开始向现代杜仲产业投资，并呈现出良好的发展态势。

（三）杜仲产业化发展方向

1. 杜仲资源分布的区域特色产业化

杜仲在国内大多数分布在华中和西南区内，其分布区大体上和长江流域相吻合，即黄河以南、五岭以北、甘肃以西。根据自然地理特点及其经济性状和形态特点上的差异，将杜仲划分为 7 个主要分布区，即秦巴山区，大娄山区，鄂西山区，武陵山区，伏牛山—桐柏山—大别山区，浙、赣、皖交界山区，岭南山区。上述中心产区都属山区和丘陵，目前尚能看到残存的次生天然林和半野生状态的散生树，说明这些地区是我国杜仲的原始自然分布区。其中武陵山区以位于湖南省慈利县的江桠杜仲林场为代表，其杜仲种植面积约 1.4 万公顷，是全国最早建立的最大杜仲生产基地。在当地政府的高度重视下，以此林场为依托进行的杜仲产品开发产业链也逐步拉开。贵州遵义被誉为“中国杜仲之乡”，杜仲种植面积较广，以遵义生产的杜仲为主要原料的药厂，在贵州省分布有 20 家左右，带动了一方的杜仲产业发展。

从全国范围来看，杜仲的广泛引种栽培使杜仲的分布区域逐步扩大，目前除了广东、广西部分地区引种不成功外，全国大部分地区都有杜仲的分布。虽然杜仲分布面积扩大，但以杜仲主产区为核心的杜仲产业化发展趋势明显，各地争先发展杜仲地理标志性产品。在杜仲主产区特别是河南、山东、湖南、甘肃等省陆续建立了一批杜仲良种繁育基地与高效栽培示范基地，先后繁育杜仲高产胶良种苗木2350万株，带动示范推广10.45万亩，增产果实2.52万吨，增加经济收入5.05亿元，纯收入1.51亿元。可见杜仲产业的发展是具有地域特色的，以地理商标开发的杜仲产业将是今后的发展方向。

2. 杜仲胶的全面开发是杜仲产业化的龙头

由于杜仲胶的特殊性能和用途，通过提胶、硫化改性及深度加工，可开发出一系列新型功能材料，带动一大批以这些材料为基础的新产业，因此有着广阔的发展前景。热塑性杜仲胶功能材料的开发可为社会提供各种各样的骨科外固定、支撑、康复、运动保健等制品，这对适应中国人口逐步老龄化，给高强度、快节奏行业劳动者提供体能保障，对各类骨伤患者的康复等方面都有着重要的作用。热弹性形状记忆材料以其独有的用途，将给人们提供其他材料无法比拟的独特制品。这些特殊用途材料的开发，不仅可以直观地增进人们对新型材料作用的认识，还将为交通、通讯、医疗、电力、国防、水利、建筑和人们日常生活提供全新材料和功能制品，解决传统材料长期无法解决的诸多难题。特别是杜仲胶高弹性材料用于轮胎的开发，将顺应国际上以反式胶为主，发展长寿命、安全、节能的“绿色轮胎”的趋势，可为普通天然橡胶资源贫乏的我国提供新的、来源充足的后备胶种，改变我国天然橡胶长期依赖进口的局面，促进我国橡胶工业和山区经济的发展，使我国特有的杜仲资源走向持续健康发展的道路。

杜仲胶产业化开发具有特殊的优势。从资源与培育角度分析，我国杜仲资源占世界杜仲资源总量的99%以上，具有独特的资源优势。杜仲资源培育技术也处于世界领先水平，中国林业科学研究院

经济林研究开发中心与洛阳林业科学研究所等单位合作，在河南洛阳、三门峡、开封、信阳、商丘等地已建立杜仲综合试验示范基地5个，收集全国杜仲优良基因资源286个，建成了世界最大的杜仲基因库。选育出国际国内首批产果量高、产胶量高的优良无性系；对杜仲高产胶良种的快速微繁技术、嫁接繁殖技术进行了系统研究，其中嫁接成活率95%以上。根据杜仲生长发育特点，对杜仲化学控制等促花促果技术的研究有突破性进展，促花保果成功率达到100%；对不同肥种和配方施肥技术，冠形控制技术等方面的研究也都取得了良好的效果。利用杜仲高产胶良种，采用新的栽培技术，产果量比现有杜仲林提高20倍，可使杜仲胶的原料成本降低到原来的1/4~1/3。

在杜仲胶加工技术方面，对杜仲胶机理、加工工艺以及开发应用的研究，开辟了一个全新的天然高分子新材料领域，并在这个领域占有自主知识产权。目前已知有8项技术已获专利权，这奠定了我国在这一材料领域的国际领先地位。杜仲胶材料的产业化开发，从小试到中试，再到工业规模化提胶和制备多种产品的整套工业化生产流程，实现了“研究—开发—工业化”三步走的战略方针。利用杜仲果皮提胶，从加工工艺上经过科学改进，加工成本可以降低到原来的1/3~1/2，再加上原料成本的大幅度降低，杜仲胶产品综合成本可降低到原来的1/6~1/5。这些工艺为杜仲胶应用领域的迅速扩大奠定了良好基础，促进了杜仲胶向轮胎等工业材料产业化发展的进程。

3. 杜仲产销模式的产业化

20世纪90年代，张康健等在《中国杜仲研究》一书中提出，杜仲产业化开发以形成中成药系列和医药保健系列产品生产一条龙为目标，最终实现杜仲三级开发模式，真正达到资源充分利用。

从杜仲的多功能性和现有的科技成果来看，杜仲三级开发思路是科学、有效、全面地利用杜仲资源。这在实践中是可行的。首先，因杜仲含有的营养物质和天然活性物质都是水溶性或醇溶性的。而杜仲胶是一种非水溶性和非醇溶性的物质。在进行第一级开发时，以提取杜仲天然有效物质为目的，将这些活性物质开发成杜仲天然药物、天然保健品、天然化妆品、天然饲料等。因杜仲胶是非水溶性和非醇溶性的物质，在第一级开发中不会受到损坏。利用一级开发时产生的废渣又可继续提取杜仲胶，进而开发杜仲胶轮胎、医用夹板、形状记忆材料、密封材料、温控开关和其他杜仲胶制品。二级开发后的叶渣，仍有残胶可继续开发装饰板、鞋跟衬等制品。果实中的果仁外裹着果壳，果壳外连着果翅，可用机械的方法将果仁剥离出来，果仁可以榨油或浸提出杜仲油，该油中富含α-亚麻酸活性成分，可用于杜仲医药保健品进行一级开发，果皮中富含杜仲胶可用于提取杜仲胶进行二级开发，二级开发后果渣还可以进行三级开发。三级连续开发杜仲资源，使杜仲无废料，将大大提高杜仲资源的利用率，有助于降低各级开发制品的原料费用，科学、有效、全面地利用杜仲资源。

杜仲综合利用采用三级开发模式(图1-1)。第一级开发就是利用

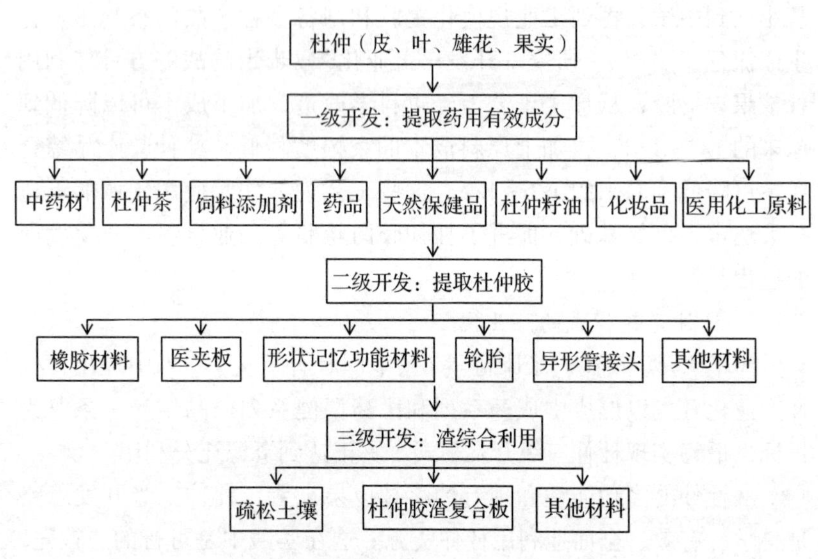

图1-1　杜仲综合利用采用三级开发模式

杜仲叶、果皮一级开发提取药用成分，生产杜仲功能食品、饮品或加工杜仲功能饲料等；第二级开发就是在一级开发提取后的叶(果)渣的基础上进行开发生产杜仲胶，杜仲胶产品包括医用杜仲胶板、杜仲保健腰围、杜仲胶形状记忆接管以及最终开发产品——橡胶材料；第三级开发就是在提取杜仲胶后，利用杜仲残渣开发杜仲建材(杜仲胶渣复合板)和杜仲特种肥料用于疏松土壤。实现三级开发多次增值。

第二章 杜仲生物学与生态学特性

杜仲(*Eucommia ulmoides*)为杜仲科(Eucommiaceae)杜仲属(*Eucommia*)植物，单属单种，别名思仙(《神农本草经》)，木棉(《群芳谱》)，思仲(《名医别录》)，绵绵(《本草图经》)，石思仙(《本草衍义补遗》)，丝连皮、丝楝树皮(《中药志》)，扯丝皮(《(湖南中药志》)，丝绵皮(《中药草手册》)，玉丝皮、乱银丝、鬼仙木(《新本草纲日》)，野桑树(湖南)等。杜仲是极为重要的药用树木、名贵滋补药材，也是仅存于我国的第三纪孑遗植物，是我国特有植物，同时也是国家二级保护植物，广泛分布于我国16个省260多个县(市)，包括引种栽培，现我国27个省(市、自治区)均有分布或栽植。

一、杜仲的植物学特性

杜仲(*Eucommia ulmoides*)属杜仲科(Eucommiaceae)杜仲属(*Eucommia*)，仅1属1种，中国特有种，分布于华中、华西、西南及西北各地，现广泛栽培。

落叶乔木。高达20米，胸径约50厘米。

叶互生，单叶，具羽状脉，边缘有锯齿，具柄，无托叶。叶椭圆形、卵形或矩圆形，薄革质，长6~15厘米，宽3.5~6.5厘米；基部圆形或阔楔形，先端渐尖；上面暗绿色，初时有褐色柔毛，不久变秃净，老叶略有皱纹，下面淡绿，初时有褐色，以后仅在脉上有毛；侧脉6~9对，与网脉在上面下陷，在下面稍突起；叶柄长1~2厘米，上面有槽，被散生长毛。

花雌雄异株，无花被，先叶开放，或与新叶同时从鳞芽长出。雄花簇生，有短柄，具小苞片；雄蕊 5～10 个，线形，花丝极短，花药 4 室，纵裂。雌花单生于小枝下部，有苞片，具短花梗，子房 1 室，由合生心皮组成，有子房柄，扁平，顶端 2 裂，柱头位于裂口内侧，先端反折，胚珠 2 个，并立、倒生，下垂。花生于当年枝基部，雄花无花被；花梗长约 3 毫米，无毛；苞片倒卵状匙形，长 6～8 毫米，顶端圆形，边缘有睫毛，早落；雄蕊长约 1 厘米，无毛，花丝长约 1 毫米，药隔突出，花粉囊细长，无退化雌蕊。雌花单生，苞片倒卵形，花梗长 8 毫米，子房无毛，1 室，扁而长，先端 2 裂，子房柄极短。

树皮灰褐色，粗糙，内含橡胶，折断拉开有多数细丝。嫩枝有黄褐色毛，不久变秃净，老枝有明显的皮孔。芽体卵圆形，外面发亮，红褐色，有鳞片 6～8 片，边缘有微毛。

果为不开裂，果皮薄革质，果梗极短；种子 1 个，垂生于顶端；胚乳丰富，胚直立，与胚乳同长；子叶肉质，扁平；外种皮膜质。翅果扁平，长椭圆形，长 3～3.5 厘米，宽 1～1.3 厘米，先端 2 裂，基部楔形，周围具薄翅；坚果位于中央，稍突起，子房柄长 2～3 毫米，与果梗相接处有关节。种子扁平，线形，长 1.4～1.5 厘米，宽 3 毫米，两端圆形。早春开花，秋后果实成熟。

分布于陕西、甘肃、河南、湖北、四川、云南、贵州、湖南及浙江等省，现各地广泛栽种。在自然状态下，生长于海拔 300～500 米的低山、谷地或低坡的疏林里，对土壤的选择并不严格，在瘠薄的红土或岩石峭壁均能生长。

二、杜仲的生物学特性

（一）雌雄性及种子特性

杜仲是雌雄异株树种。一般由种子繁殖的实生人工林，雌株比例占 60% 以上，雄株占 40% 以下。杜仲雄株不结实，雌株结实，雌株只有经过雄株受粉以后才能产生具有繁殖能力的种子，雄株对雌株的传粉受精起着不可或缺的作用。杜仲是风媒花，一般雄株占林分中15%左右比例，即可保证雌株的授粉，定植10年左右才能开花。目前为止，在杜仲植株未达到性成熟以前，还不能从种子、苗木和幼树的外部形态特征上来判断其雌雄性别。曾有研究报道，根据进入开花结实阶段的杜仲成年树营养器官特征来鉴别其雌雄。但报道中两种方法互有矛盾，而且植株营养器官很容易受周围环境条件的影响，因此通过其来反映性别是很不可靠的。所以，杜仲的雌雄性别只有在开花期才能鉴别，很难从外部形态上鉴定。

雄株花芽萌动早于雌株，雄花先叶开放，花期较长，雌花与叶同放，花期较短。但由于分布的地理位置不同，其花芽萌动早晚及花期长短也略有区别。如在陕西省西安地区，杜仲雄株花芽在3月底萌动，雌株花芽在4月初萌动，相差3~5天，4月10日前后与叶同放，叶于4月中下旬迅速发育，5月陆续定型，6~8月生长旺盛，10月开始落叶，9~10月果实成熟。在河南省，杜仲雄株萌动期比雌株提前10~15天，雄株花期基本上为1个月左右(3月中下旬至4月中下旬)，散粉期3天，雌花期大约12天。在北京地区，杜仲在3月上旬花芽膨大，下旬花芽开始绽放。在湖南地区一般雄花的开花时间为3月中旬到4月中旬，雌花的开花时间比雄花晚10天左右，持续时间约1个月。

雌雄异株是杜仲的基本生物学特征，对于实行以收采果实作为提胶原料的杜仲林，如果雄株在该林园所占比例过大，分布不够均匀，则势必影响其产量。特别是杜仲的良种选育和繁殖等研究，如杜仲的母树林建立、优树选择、选种、种子园中无性系排列等，除了要考虑保留其优良性状，还要确定适宜的雌雄比例。

杜仲种子较大，千粒重80克左右，种子寿命0.5~1年。杜仲果皮含有胶质，阻碍种子吸水，具有休眠特性，用沙藏处理打破休眠后，在地温8.5℃时开始萌动，在15℃左右条件下，2~3周即可出苗。其种子最适萌发温度为11~17℃，高于32℃时发芽受到抑制。

(二)萌芽习性

杜仲是萌芽力特强的树种。根际或枝干，一旦经受创伤，如采

伐、机械损伤、冻伤等，休眠芽立即萌动，长出萌芽条。一根伐桩，一般可发10~20根枝条，有的可达40根。不加人为干预，自然地最后只能留存1株或2~3株。这种萌生幼树生长迅速，叶片一般长20厘米、宽9.5厘米，较实生树大1~1.5倍，最长的可达36厘米。据贵州遵义调查，一般25年生杜仲树，冬季砍伐后，由伐桩萌发出的一株4年生萌生幼树，树高达5.5米，胸径达8.5厘米，超过同一生态环境条件下12年实生树的生长速度。目前，湖南江垭林场以采收杜仲叶为主的矮化林种植均是利用这一原理，春季杜仲萌芽前，离地30~100厘米，用手锯平截杜仲主干，截面涂抹伤口愈合剂防止腐烂长霉，清理杂树、灌木和杂草等，萌芽后留取5~6个健壮的芽培育成枝条。

杜仲在受到刺激后，侧芽的主芽和主芽周围的副芽同时萌发，快速长出新梢。杜仲无顶芽，第一芽横生或部分退化，第二、第三芽较强，若不施加任何修剪措施，1年生枝条萌芽率高达83%~100%，成枝率高达88%以上。杜仲愈伤面或截面都易于分化出芽原基，进而形成芽。不同树龄的杜仲萌芽力不同，树龄越小其萌芽力和成枝率越高，反之，萌芽力和成枝率越低，但是依然能保持较高的水平。冬季采伐以后，来年春天萌发，当年秋天即可木质化；春、夏采伐，亦能萌芽。

杜仲具有极强的萌芽力这种特性，对实行无性繁殖和矮林、头林等作业有重要意义。

(三)茎的生长习性

1. 茎的高生长

杜仲生长速度在1~10年内较慢，特别在播种后的2~3年内，树高仅有1.5~2.5米。因其树干的直立性强，这一段时间只有主干，基本上不分枝。4年后生长开始加快，主干出现分枝。生长最快的时期为生长的第10~20年，此期称为速生期。此间，其年均生长量为0.4~0.5米。第20~30年树的生长速度逐渐下降，年均生长量为0.3米。第30年以后，树的生长速度急剧下降。在第30~40年，树的年均生长量为0.1米，第50年以后，其生长量趋于零，基本上处于停滞状态。在年生长期中，成年植株春季返青，初夏进入旺盛生长期，入秋后生长逐渐停止。

2. 茎的粗生长

杜仲胸径与药用部位的生长过程基本一致。10年生以前，胸径生长较慢，其生长速度大大低于树高的生长。2~3年生树，其高可达1.5~2.5米，而胸径仅有2厘米左右。8年生者，高3米以上，胸径约6厘米。直到进入速生期后(即10年生以后)，胸径的增长开始加快。根据对树干的解剖分析，25年生的杜仲树到达胸径生长的高峰期，可达15厘米。树皮的厚度与树体年龄和胸径大小有一定的相关性，树皮厚度的年均生长量在树龄为2年以前较小，年增长量仅为0.01厘米；2~4龄时，树皮厚度年均生长量逐步加快达到0.02厘米；树龄为4龄以后，树皮厚度年均生长量迅速增加，4~6龄时达到0.03厘米，而10~12龄时达0.04厘米。杜仲树皮在6龄以前没有明显的木栓层，木栓层在6龄以后才逐步形成，木栓层厚度基本呈匀速增加趋势。

杜仲树皮产量(重量)虽然随树龄变化而异，但与环境条件及栽培管理技术也存在一定的相关性。例如，同为22年生杜仲树，生长在土层深厚、肥沃和光照充足的环境条件下的单株树皮(所收获的树干皮和树枝皮)，其鲜重为34.93千克。而生长在土壤干燥、含石多和光照条件差的环境下的，其单株树皮的鲜重只有8.15千克，两者相差甚大。杜仲树干进行大面积环状剥皮后，能迅速愈合再生新皮，3年后即可恢复到原来树皮厚度，这一特性可用于药材的采收。

(四)根的发育特性

杜仲属深根性树种，有明显的垂直根(主根)和庞大的侧根、支根、须根系。主根下扎深度最高可达1.35米，根幅可达3米以上，侧根、支根分布面积最大可达9平方米。在老粗根(主根和侧根)上密布着直径为1厘米到数厘米的小支根，支根的顶端生有大量的根毛。侧根主要分布于近土壤表层5~30厘米之间，支根分布广泛，

趋水性和趋肥性极强，形成一个庞大的根系，以保证生长发育。在土壤板结、黏重(如第四纪黏土发育的黄壤)、石砾、石块含量较高且体积较大(如紫色粗骨土、砾质粉沙土等)或土层浅薄的地方，主根发育受到阻碍，但是侧根得以充分发育，形成无明显主根的浅根系来适应不良环境。侧根和支根趋水性和趋肥性很强，能绕过石砾或穿过大石块缝隙生长，吸收水分和营养物质，整个根系的下扎深度可达70~90厘米，有足够的着生力量支持地上部分生长，不致被风刮倒。杜仲根系对环境的适应能力极强，是山区保持水土的优良树种。

杜仲根系的形态结构，随所在地区环境条件，特别是土壤的不同而不同。生长在土质疏松的沙壤土或壤土中10年以上的杜仲树，根系下扎深度可达1.6米，庞大的须根系呈网状密集分布于50厘米以内的土层中。生长在土质黏重、石砾较多或土层较薄的土壤中的杜仲，主根不明显或分布较浅，根系深度在60~80厘米之间，随土壤厚度的不同而有所不同。在疏松的土壤中，杜仲侧根水平分布范围可达冠幅的2倍以上。

杜仲实生苗主根明显，侧根发达，颜色由浅黄至暗灰，但埋根苗和扦插苗主根不明显，侧根较发达。受土壤质地、土层深度和树龄的影响，杜仲根系的垂直分布范围变化较大。1年生实生苗根系发达，主根长度一般为20~30厘米，最长达50厘米以上，侧根达100多条。2年生以上植株虽然须根数量明显减少，但5~8条侧根组成的庞大根系，依旧具有很强的保持水土能力。

(五)环状剥皮再生性

树皮是林木运输养分的基本通道，树皮损伤会严重影响林木生长，甚至导致其死亡。杜仲树皮再生能力与生长动态等相关研究结果表明，杜仲树皮具有极强的再生能力，小到1~2年生的小树，大到100年生以上的大树。大面积环状活剥树皮后，很快就能愈合，当年就可恢复皮层，1~4年树皮再生，在解剖构造、药用价值、含胶量等方面与原生皮几乎一样。主干以下均可环剥，环剥长度可达

5.2 米，环剥后剥面的愈合率高达 100%，而且环剥后的部位生长迅速，横向生长甚至超过未环剥部分。环剥部位不但能快速愈合再生树皮，而且环剥几乎不影响其生长发育。杜仲皮每 4 年环剥 1 次，到全部砍伐时可利用 4 次，这极大地缩短了杜仲的生长利用周期，同时增加了效益，也为杜仲资源的持续利用和保护提供了良好条件。

三、杜仲的生态学特性

（一）杜仲生长发育的生态条件

1. 光　照

杜仲为强喜光树种，对光照要求比较强烈，耐阴性差。生长环境的光照强弱和受光时间的长短，对杜仲的生长发育有明显的影响。据调查，杜仲生长在阳坡、半阳坡光照比较充足的地方，树势强壮，叶厚而呈深绿色。而生长在光照较差的林下或长年光照差的阴坡，则生长势弱，出现树冠小、自然整枝明显、叶色淡而薄的现象。据测定，光照条件好的树冠上部或外围叶片的单叶厚为 0.22 毫米，而树冠下部的叶片厚仅 0.12 毫米。初植密度较密的杜仲林，林木郁闭后，植株粗生长速度缓慢，林内大量侧枝枯死，产叶量锐减，而高生长速度比散生木和孤立木快，这是为了争夺光线的求生本能。光照不足也是影响雌株产果量的主要因素之一，所以杜仲宜栽培在平原及丘陵、山区的阳坡、半阳坡。林木郁闭后，应及时采取间伐等措施，保证植株有充足的光照。

2. 水　分

杜仲的正常生长发育和杜仲林分内水分状况有密切关系。水分供应过多或过少，都会对杜仲树的生长造成影响。目前，我国的杜仲产区大部分在丘陵及山区，缺乏灌溉条件。因此，天然降水成了杜仲树水分供应的主要来源，全国杜仲主要产区年降水量 450~1500 毫米，其中 4~10 月杜仲生长发育期间，降水量占全年的 80% 左右。

在生长季节内，长江以南地区降水分布比较均匀，而且总的降水量比较大，能满足杜仲树生长的需要。黄河中下游及其以北地区，

降水量主要集中在7~8月，春秋季易发生干旱。在幼龄树期，因根系尚未发育成熟，在干旱时吸收不到较深土层的水，此时若供水不足，易造成缺水，从而影响幼树生长发育，造成小老树，推迟进入结果期。一般3月土壤解冻后，要进行一次灌水，可促进树体萌芽、抽枝、生长。入冬前进行一次灌溉，以促使树体进入冬眠，安全越冬。在这种干燥的气候条件下，杜仲生长表现也良好。新疆阿克苏地区年降水量只有88毫米，杜仲引种到此地，仍能正常生长，说明杜仲具有极强的耐干旱特性。江西九连山年降水量达1800毫米以上，20年生杜仲胸径超过30厘米，说明杜仲还具有耐水湿的特性。但从对南方降水量较大地区的调查结果看，生长季节长期阴雨连绵，易造成林内空气湿度过大，病虫害发生严重。从外观上看，空气湿度过大的林分，树干上生长许多绿色苔藓。故南方地区造林密度不宜过密。北方干旱地区，新栽培区一般具有较好的水利条件，适当的灌溉能够促进杜仲的生长，一般每年灌溉2~4次即可满足植株生长要求。

3. 土　壤

杜仲对土壤的适应性较强，根据对各种类型土壤中杜仲生长情况调查分析，酸性土壤、中性土壤、微碱性土壤和钙质土壤，均适合杜仲生长。

但在不同的土壤中，其生长发育的效果差别很大，影响杜仲生长的土壤条件主要是土壤质地、土层厚度和肥力以及土壤的酸碱度。土壤质地以沙质壤土、壤土和砾质壤土为最好，在过于黏重、透气性差的土壤中杜仲生长不良。如土层过薄、肥力过低、土壤过干、pH值过小或过大均不利于杜仲生长。主要表现为顶芽、主梢枯萎，叶片凋落、早落，生长停滞，最终导致全株死亡。

杜仲为垂直根系，喜土层深厚、肥沃的土壤。在过于贫瘠或土层较薄的土壤中杜仲生长不良。如在豫西黄土丘陵区，塬面土层深厚肥沃的土壤中，8年生杜仲胸径达20.4厘米，树高8.5米。而在岩石裸露，过于贫瘠的黏土中，10年生杜仲胸径仅5.3厘米，树高

3.7米。因此，石质山区的土层厚度一般要求在60厘米以上。杜仲对土壤酸碱度的适应范围也比较广，微酸性至微碱性土壤，pH值5.0~8.4范围内都能正常生长。因此，适宜杜仲生长的土壤应是平原区或土层较深厚的丘陵山区，土壤肥沃、湿润、排水良好，pH值5.0~8.4之间，土质疏松的沙质壤土、砾质壤土。

4. 温　度

杜仲产区分布横跨中亚热带和北亚热带，主要属于我国东部温暖湿润的气候类型。杜仲对温度的适应幅度比较宽，在年平均气温9~20℃，极端最高气温44℃以下，极端最低气温不低于-33℃的条件下，植株均能正常生长发育。我国杜仲主要产区一般平均气温在11~17℃，1月平均气温-5.5~0℃，7月平均气温19~29℃，极端最低气温-20~-4℃。成年树更能耐严寒，在新引种地区能耐-22.8℃低温，根部能耐-33.7℃低温。如前苏联一些地区引种栽培，在气温低达-40℃时仍能存活。其耐寒性主要表现在根部。秋季幼芽及生长点的保护组织尚未形成以前，或在春季已萌发之后，易受早霜或晚霜危害，因此，引种到寒冷的地区，多实行矮林作业。

5. 风

杜仲大树在生长季节和休眠期，都具有较强的抗风能力。冬、春季节多风的北方产区，如河南、山东、河北中南部、山西等地，以杜仲营造农田防护林网，具有较好的防风、护田效果。杜仲幼树在生长季节枝干一般较柔软，遇4~5级大风，树干易弯曲，故营造农田防护林网，每林带宜栽植4~6行，并注意选择抗弯曲的优良品种。风对南方各产区杜仲的生长发育影响不大；而在北京以北地区，冬季气候寒冷，有风天数多而且风力大，如北京市西北部、辽宁沈阳及吉林白山等地，冬季大风常是造成杜仲抽条的主要原因之一。因此，在寒冷地区发展杜仲除了考虑温度条件外，还应注意选择无大风危害的地区。

6. 地形与海拔

杜仲对地形有广泛的适应性，我国杜仲主要栽培区或散生植株

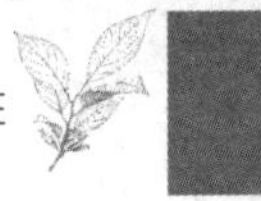

所处的地形特点，既有侵蚀、剥蚀地貌，也有以碳酸盐类岩石构成的喀斯特(岩溶)地貌，还有丘陵、台地、平原、盆地地貌以及高原和各种地貌组成的山地。老产区的杜仲主要分布在低山、中山，而新产区的杜仲主要以丘陵区和平原区为主。从林木生长情况看，灌溉条件较好的平原和丘陵区表现最好。山地以较平缓的坡脚、沟坳，丘陵区以梯田、堰埂比山地的陡坡、山脊及阳坡生长好。

杜仲垂直分布范围较广，从海拔25米以下的平原区到海拔2500米的山区都有分布。但集中产区的海拔高度多在100~1500米。低海拔对杜仲无不良影响，而海拔过高则影响树木的生长发育，长势减弱，果实成熟期推迟。

(二)生态适宜分布区

我国现存的杜仲资源，在晚第三纪以前曾广泛分布于欧亚大陆。在早始新世时，中国广东三水曾生长过杜仲，美洲墨西哥，美国东、西部地区也发现了杜仲化石；中新世时，中国的中北部地区和日本北海道，欧洲的北高加索、乌克兰、莫尔达维亚、哈萨克斯坦及俄罗斯和亚洲西部的杜仲种类多，分布广，它们一直存活到上新世；在意大利直到更新世还有杜仲生长。在地球第四纪冰川(距今200多万年以前)侵袭时，欧亚及北美大陆的众多杜仲植物相继灭绝，只有我国中部由于复杂地形对冰川的阻挡，使少数杜仲有幸保留下来，成为世界上杜仲的唯一幸存地。所以，杜仲成为了我国的特有树种。

据邓阳川等研究分析，最适宜杜仲栽培的区域应符合以下条件：年均温度12~18℃，年均相对湿度60%~80%，年均降水量1000~1500米，年均日照强度130~160瓦/米^2，最适土壤为淋溶性土壤。

从全球范围来看，杜仲生态相似度区域广泛分布全球主要大洲。其中，东亚、欧洲大部、北美洲拥有的杜仲生态相似度区域的面积最大。以国家面积来看，亚洲的中国和北美洲的美国所拥有的面积最大。从中国国内来看，华东、东南沿海、华中、华南、西南地区及西藏藏南地区和台湾极少数地区都具有杜仲生态相似度区域。面积前三位的省份是云南(324094.09公顷)、四川(271166.62公顷)、湖南(239908.73公顷)。在与《中国植物志》及相关文献进行对比后，特别是张维涛等、王瑷琦等的文献中详细说明了杜仲的分布区域在国内处于北纬22°~42°，东经100°~120°30′，且福建以南省份温度常年超过10℃，在此种条件下，杜仲无法进行正常休眠，虽然能生长，但生长状况不好。因此，结合生态因子分析结果、文献记载、传统产区、采收加工技术及社会经济条件，最适宜引种区包括了西南、华中和华北广大地区，以湖北、四川、湖南、云南、重庆、贵州、山东为主。

可见杜仲产业的发展是具有地域特色的，以地理商标开发的杜仲产业将是今后的发展方向。

第三章 杜仲种质资源与种类

杜仲(*Eucommia ulmoides*)属杜仲科植物，单科单属单种，雌雄异株，是第四纪冰川侵袭后残留的古老树种，其近缘种类都已绝灭，仅在欧洲、美洲、中国第三纪地层中发现其化石15种以上。中国为现存杜仲资源的原产地，自然分布在我国的中亚热带到暖温带地区。通常认为，杜仲起源于陕西、甘肃、四川三省交界的秦岭山脉，向南扩展到贵州、云南、广西、湖北、湖南、广东地区，向东到江西、浙江、安徽三地，野生杜仲的分布中心主要在我国的中部地区。

1949年后我国开始了大规模引种栽培，目前国内杜仲分布范围远远大于其自然分布区范围，在四川、贵州、湖北、湖南、陕西、云南、河南、浙江、安徽等27个省377多个县市均有分布。大致范围在北纬22°~42°，东经100°~120°30′，最北已在长白山引种栽培成功。在甘肃民勤沙生植物园，杜仲能露地生长；北京万泉河路用杜仲作行道树，生长良好。但在广东的广州、雷州半岛和广西的南宁地区引种的杜仲长势较差，虫害较多，这与杜仲发育所需要的低温环境条件得不到满足有关。杜仲还被引种到法国、日本、俄国、美国等国家和地区，现全世界已有70多个植物园和树木园引种杜仲，国外主要将杜仲栽培在树木园、植物园或国家公园中，成片栽植较少。日本有成片栽植，现有杜仲面积4000多亩。

一、杜仲的分布

杜仲属中亚热带树种，我国杜仲的天然分布范围为北纬25°~

35°，东经104°~119°，南北跨10°，东西横跨15°；垂直分布约在海拔2500米以下。但目前杜仲分布则是由中心原产地人工引种向全国各地扩延，水平分布范围界线是北纬22°00′~42°00′、东经100°00′~120°30′，东界至浙江的天目山、安徽的黄山、江苏的江浦等地，西到云南的云岭、苍山，南界为福建武夷山、广西的大苗山等，北至甘肃的小陇山、陕西的秦岭以南、山西的中条山、河南的伏牛山、河北的燕山、辽宁的辽阳等，包括了甘肃、陕西、云南、贵州、四川、湖南、湖北、广东、广西、福建、江西、浙江、江苏、安徽、河南和山西27个省377多个县(市)。

二、杜仲种质资源

杜仲种质资源经历了从逐步发现到逐步丰富的历程。

(一)育种情况进展

在全国范围的杜仲资源调查的基础上，杜仲优良无性系的选育及遗传改良工作逐渐展开。我国在杜仲良种选育和栽培技术方面已居国际领先地位。中国林业科学研究院对杜仲良种选育、栽培与利用进行了长期系统研究，建立了我国第一个也是目前世界上最大的杜仲基因库，在河南省灵宝、洛阳、商丘、信阳等基地保存杜仲种质资源500余份。以杜仲树皮(药材)的利用为育种方向，以提高杜仲皮产量和活性成分含量等为育种目标，中国林业科学研究院经济林研究开发中心杜红岩研究员从全国10个省(自治区)选出128株优树，通过育苗、无性系测定、多点造林测定、区域试验等研究，选育出了我国历史上首批叶用、药用杜仲良种“华仲1~5号”种，产皮量提高97.8%~162.9%，为我国杜仲生产提供了优良资源。首次提出杜仲果园化栽培的新思路，以杜仲果实的利用为育种方向，选育出“华仲6~9号”4个果用杜仲良种，产果量提高163.8%~236.1%，对我国杜仲胶新材料和现代中药产业发展起到了积极推动作用。同时选育出具有特异性状的杜仲良种‘红叶杜仲’和‘密叶杜仲’。目前已选育出不同用途的杜仲良种11个，优良无性系30余个，其中已

审定杜仲良种6个。以上这些都极大地丰富了杜仲的种质资源。

因不同的育种目标，选育出的杜仲良种具有不同的特性，实际生产中应根据生产目的确定接穗的类型。如以生产杜仲橡胶、亚麻酸油为目的的，可选择由中国林业科学研究院经济林研究开发中心培育的‘华仲6号’‘华仲7号’‘华仲8号’‘华仲9号’‘华仲10号’‘大果1号’等高产杜仲橡胶和亚麻酸国审杜仲良种作接穗；以生产杜仲雄花茶为目的的，可选择由中国林业科学研究院经济林研究开发中心培育的‘华仲1号’‘华仲5号’‘华仲11号’高产雄花杜仲良种作接穗；以生产杜仲药材为目的的，可选择由中国林业科学研究院经济林研究开发中心培育的‘华仲1号’‘华仲2号’‘华仲3号’‘华仲4号’‘华仲5号’药、果、雄花兼用国审杜仲良种作接穗。此外，高绿原酸含量‘华仲12号’杜仲、适合做饲料用的‘密叶杜仲’等一批良种，以及湖南慈利江垭林场、贵州遵义等传统产区的树体均可作为良种繁育的母体树种。

(二)杜仲品种

1. 首批良种“华仲1~5号”

20世纪80年代后，杜红岩等承担多项国家和省部级杜仲攻关课题：深入全国杜仲主产区10多个省(市)，历经10余年对优良无性系的生长量、产皮、产叶量及主要成分的全面测定和统计分析，选育出‘华仲1号’‘华仲2号’‘华仲3号’‘华仲4号’和‘华仲5号’，是我国历史上首批杜仲优良无性系，填补了国际国内杜仲良种的空白。2012年，“华仲1~5号”5个杜仲良种通过国家林木良种审定。

(1)‘华仲1号’

雄株，浅纵裂型。母树生长在河南省商丘县豫东平原沙区的两合土上，土壤pH值8.4。该系号树势强，树冠紧凑，呈宽圆锥形，分枝角度35°~47°，主干通直，接干能力强，芽2月中下旬萌动，萌动早，萌芽力强，4年生伐桩可萌27~34个芽，叶片较密集，叶片长15.4厘米，宽10.7厘米，叶面光亮。该系号抗逆性强，无病虫害，耐干旱、盐碱，速生，4年生胸径7.2厘米，树高6.5米，单株产皮量860~1040克，产叶1270~1640克，该品种适宜干旱地区和微碱性土壤区发展。

(2)'华仲2号'

雌株，深纵裂型。母树生长在河南省洛阳市黄土丘陵区坡脚。该系号树冠开张，呈圆头形，分枝角度43°~64°，主干较通直，叶片宽卵形，叶长14.3厘米，宽10.2厘米，叶面光，呈黑色，该系号抗病虫害能力强，粗生长快，4年生胸径达7.7厘米，皮厚5毫米。采成熟母树接穗，嫁接苗栽植2年开花结果，4年单株产种量0.8千克，5年平均株产1.4千克，最高株产1.8千克，无大小年及隔年结果现象。果长3.3厘米，宽1.2厘米，千粒重80.1克，果10月中旬成熟。该品种适宜各产区建立良种种子园。

(3)'华仲3号'

雌株，浅纵裂型。母树生长于江苏省南京市郊区丘陵区坡脚的粗砂石分化土上。该系号树冠开张，分枝角度44°~82°，主干通直，接干能力强，叶片小，稀疏，狭卵圆形，叶长11.4厘米，宽8.1厘米。该系号耐水湿，无病虫害，速生，4年生胸径达7.2厘米，树高6.7米，嫁接苗3年开花结果，5年平均产种量0.7千克，最高株产1.2千克，果长3.1厘米，宽1.1厘米，千粒重76.4克，果成熟早，9月下旬到10月上旬成熟。该品种适宜大冠稀植栽植及建立良种种子园。

(4)'华仲4号'

雌株，光皮型。母树生长于湖北省郧阳地区黄棕壤山地坡脚。该系号冠形优美、紧凑、呈宽卵形，分枝角度39°~53°，主干通直，苗期靠顶端侧芽易萌发分叉，侧芽生长旺盛，树冠易成形，叶片稠密，叶片长13.4厘米，宽9.8厘米。该系号耐水湿，抗病虫害。皮色光滑，药材利用率高，与同类型比较速生，4年生胸径6.3厘米，树高6.5米，皮厚4毫米。嫁接苗3年开花结果，5年平均单株产种量0.9千克，最高株产1.4千克，果长3.3厘米，宽1.2厘米，千粒重78.1克。果10月中旬成熟，该品种适宜密植栽培。

(5)‘华仲5号’

雄株，深纵裂型。母树生长在湖南省武陵山区海拔270米的山地坡脚。该系号接干能力极强，主干通直，树冠呈卵圆形，分枝角度37°~49°，叶片较大，叶片长14.8厘米，宽11.5厘米。该系号无病虫害，耐水湿。主干不易弯曲，高生长快，4年生胸径6.4厘米，树高6.8米，皮厚4毫米，单株产皮量740~910克，产叶1330~1420克。

2. 以果实的利用为育种方向

1993年，中国林业科学研究院经济林研究开发中心杜红岩研究员提出以杜仲果实的利用为育种方向，以提高产果量、产胶量和主要活性成分含量为育种目标，并系统开展了果用杜仲无性系的选育，选育出‘华仲6号’‘华仲7号’‘华仲8号’‘华仲9号’等4个杜仲果用优良无性系，果皮含胶率可达17%以上，种子油脂中α-亚麻酸含量达61.8%。此外，还有其他专家选育出‘华仲10号’等其他品种。所选育出“华仲6~10号”和‘大果1号’等6个果用杜仲良种，产果量提高了163.8%~236.1%，对我国杜仲胶新材料和现代中药产业发展起到了积极的推动作用，“华仲6~9号”杜仲良种2011年通过国家林木良种审定。同时，选育出雄花专用良种‘华仲11号’、具有特异观赏性的‘华仲12号’和‘密叶杜仲’新品种。截至2016年，已选育出不同用途的杜仲良种16个，优良无性系30余个，已审定杜仲良种14个，其中国审杜仲良种10个。

(1)‘华仲6号’

雌株，树皮浅纵裂型，成枝力强。芽3月上中旬萌动。叶片卵圆形，长12.35厘米、宽7.83厘米。花期3月30日至4月15日。果实椭圆形，果长3.14厘米、宽1.08厘米，果实千粒重71.5克。果实含胶率12.19%，种仁粗脂肪含量24%~28%，其中α-亚麻酸含量55%~58%。果实9月中旬至10月中旬成熟。结果早，含胶率高，高产稳产。嫁接苗或高接换种后2~3年开花，第5年进入盛果期，盛果期年产果量达3.5~5.9吨/公顷。适于建立良种果园。该品种适应性强，嫁接成活率高，抗干旱，在豫东平原沙区、豫西黄土丘陵区、豫南大别山区等生长良好。长江中下游和黄河中下游杜仲适生区也可推广。

(2)‘华仲7号’

雌株，树皮浅纵裂型。成枝力中等。芽3月上中旬萌动。叶片卵圆形，长12.7厘米，宽7.0厘米。花期3月30日至4月15日。果实长椭圆形，果长3.83厘米，宽1.05厘米，果实千粒重78.2克。果实含胶率10.68%，种仁粗脂肪含量29%~32%，其中α-亚麻酸含量达58%~61%。果实9月中旬至10月中旬成熟。结果早，高产稳产，种仁α-亚麻酸含量高。嫁接苗或高接换种后2~3年开花，第5~6年进入盛果期，盛果期年产果量达2.8~4.5吨/公顷。适于建立高产亚麻酸良种果园。该品种适应性强，抗干旱、耐水湿，在豫东、豫西、豫南山区、丘陵和沙区均生长良好。

(3)‘华仲8号’

雌株，树皮浅纵裂型，成枝力中等。叶片卵圆形，长12.9厘米，宽6.4厘米。花期3月25日至4月13日。果实长椭圆形，果长2.99厘米，宽1.03厘米，果实千粒重75.2克。果实含胶率11.96%，种仁粗脂肪含量28%~30%，其中α-亚麻酸含量达59%~62%。果实9月中旬至10月中旬成熟。早实高产，结果稳定性好，果皮含胶率和种仁α-亚麻酸含量均高。嫁接苗或高接换种后2~3年开花，第5~6年进入盛果期，年产果量达2.8~4.3吨/公顷。适于建立高产杜仲胶和亚麻酸良种果园。该品种适应性强，抗干旱，在河南省山区、丘陵和沙区均生长良好。长江中下游和黄河中下游杜仲适生区也可推广。

(4)‘华仲9号’

雌株，树皮浅纵裂型。在河南商丘，6年生平均胸径9.6厘米。成枝力中等。叶片卵圆形，长10.8厘米，宽6.0厘米。花期3月2日日至4月15日。果实长椭圆形，果长3.53厘米，宽1.11厘米，果实千粒重72.5克。果实含胶率11.60%，种仁粗脂肪含量28%~

31%，其中α-亚麻酸含量达59%~62%。果实9月中旬至10月中旬成熟。果皮含胶率和种仁α-亚麻酸含量均高。嫁接苗或高接换种后2~3年开花，第5~6年进入盛果期，年产果量达3.2~5.5吨/公顷。适于建立高产杜仲胶和亚麻酸良种果园。该品种适应性强，抗干旱，在河南省山区、丘陵和沙区均生长良好。长江中下游和黄河中下游杜仲适生区也可推广。

(5)'华仲10号'

雌株，幼树树皮光滑，成年树树皮浅纵裂型，在河南洛阳，10年生胸径12~16厘米，萌芽力中等，成枝力强。叶片卵圆形，长14.3厘米，宽8.6厘米。芽长圆锥形，3月上中旬萌动。在黄河中下游地区，雌花期3月30日至4月15日，雌花8~16枚，单生在当年生枝条基部。果实9月中旬至10月中旬成熟，椭圆形，长3.15厘米，宽1.06厘米，厚长0.18厘米。种仁长1.2厘米，宽0.21厘米，厚长0.15厘米，成熟果仁千粒重71.3克。果皮质量占整个果实质量的65.5%~70.6%，含胶量17%~19%，种仁粗脂肪含量26%~31%，其中α-亚麻酸含量66.4%~67.6%，为目前α-亚麻酸含量最高的良种。嫁接苗建园栽植后2~3年开始结果，4~5年进入盛果期，结果稳定性好，建园第8年产果量3.2~3.8吨/公顷，杜仲橡胶产量385~456千克/公顷。该品种适应性极强，在河南、河北、北京、陕西、湖南、湖北、山东、安徽、江西、贵州等地基本上没有病虫害侵害，适于各产区营建杜仲高产果园和果药兼用丰产林。

除了上述"华仲1~10号"由国家林木良种审定的10个杜仲品种外，见诸文献的还有'红叶杜仲''小叶杜仲'及'密叶杜仲'。

(6)'红叶杜仲'

'红叶杜仲'又叫'紫叶杜仲'或'紫红叶杜仲'，观赏品种。叶片亮度28.18，变红度0.96，变黄度2.69，颜色指数5.54；总叶绿素含量1.555毫克/克，花色苷含量0.304毫克/克，叶色鲜红，花色苷质量分数显著高于普通杜仲。红叶杜仲的叶片正面红色细胞与绿色细胞相间排列。

‘红叶杜仲’是由中国林业科学研究院经济林研究开发中心于1996年从实生苗中选出，其叶色鲜红，花色苷含量是普通杜仲2.2~3.5倍，叶色性状稳定，无性繁殖可维持其红叶性状。‘红叶杜仲’树形优美，生长势强、无病虫害，2009年通过河南省林木良种审定，是中国少数的具有自主知识产权的观赏型林木良种之一，在园林绿化中应用前景广阔。董娟娥等在无性系测定林的基础上，对10个杜仲无性系性状与标志性功效成分的含量进行了研究，发现无论在园林观赏价值方面还是药用有效成分含量方面，红叶杜仲都是一个比较优良的变异型，可在全国杜仲主产区和园林风景区进行示范推广。

(7)‘小叶杜仲’

‘小叶杜仲’为观赏品种。叶片亮度33.21，变红度-8.24，变黄度11.91，颜色指数1.3；总叶绿素含量1.782毫克/克，花色苷含量0.164毫克/克。‘小叶杜仲’的叶片正面无红色细胞。

(8)‘密叶杜仲’

‘密叶杜仲’为观赏品种。叶片亮度32.02，变红度-6.63，变黄度9.37，颜色指数1.86；总叶绿素含量1.535毫克/克，花色苷含量0.141毫克/克。‘密叶杜仲’的叶片正面无红色细胞。

2017年1月，由中国林业科学研究院经济林开发中心副主任、研究员杜红岩主持选育的‘华仲16号’‘华仲17号’‘华仲18号’3个果用杜仲良种，通过了河南省林木良种审定。

(9)‘华仲16号’

‘华仲16号’果皮含胶率16.5%~18%，种仁粗脂肪含量28%~32%，其中α-亚麻酸含量58.0%~62.0%，早实高产，盛果期产果量2.3~3.8吨/公顷。适于营建杜仲高产果园和果药兼用丰产林。

(10)‘华仲17号’

‘华仲17号’果皮含胶率16.0%~17.5%，种仁粗脂肪含量30%~32%，其中α-亚麻酸含量59.0%~62.0%，抗寒早实高产，盛果期产果量2.5~3.5吨/公顷。适于营建杜仲高产果园和果药兼用丰产林。

(11)‘华仲 18 号’

‘华仲 18 号’果皮含胶率 17.0%~18.5%，种仁粗脂肪含量 27%~30%，其中 α-亚麻酸含量 58.0%~60.0%，早实高产，盛果期产果量 2.6~3.9 吨/公顷。适于营建杜仲高产果园和果药兼用丰产林。

杜仲品种除了“华仲”系列品种外，还有西北农林科技大学选育的“秦仲”系列品种。

3. 秦仲 1~4 号

西北农林科技大学杜仲课题组张康健教授以有效成分为主要指标进行杜仲良种的选育研究。通过优良无性系区域栽培试验，终选出有效成分含量高且性状稳定的优良品种秦仲 1~4 号。

(1)‘秦仲 1 号’

‘秦仲 1 号’为高胶、高药型优良品种。幼龄树皮光滑，成龄树皮浅纵裂，皮孔消失，树皮褐色，属粗皮类型。冠形紧凑，呈圆锥形，分枝角度 50°~62°，芽圆锥形，3 月中旬萌动，叶片椭圆形，细锯齿，叶小，单叶面积 39.8 平方厘米。雄花 4 月中旬开放。树干通直，生长较快，根萌苗 3 年生树高 4.47 米，胸径 3.80 厘米。该品种药用成分和杜仲胶含量都很高，为药胶两用型和花用型优良品种。超氧化物歧化酶活性较强，抗旱性强，抗寒性较强，速生。适宜于浅山区，丘陵和平原地区营造优质丰产园和水土保持林。该品种遗传增益：绿原酸 80.50%，桃叶珊瑚苷 74.93%、总黄酮 101.82%，杜仲胶 49.12%。该品种在陕南和关中南部表现为高胶、高药型优良品种。

(2)‘秦仲 2 号’

‘秦仲 2 号’为高胶、高药型优良品种，幼龄树和成龄树树皮均光滑，暗灰白色。横生皮孔较明显，属光皮类型。冠形紧凑，呈窄圆锥形，分枝角度 30°~35°。芽圆锥形，3 月中旬开放，叶片椭圆形，细锯齿，叶小而密集，单叶面积 40.20 平方厘米，雌花 4 月中旬开放。树干通直，生长较快，根萌苗 3 年生树高 4.70 米，胸径

4.04 厘米。该品种杜仲胶和药用成分含量都很高，为胶药两用型和果用型优良品种。抗寒性强，抗旱性较强，速生。适于雨量充沛或有灌溉条件的山地、丘陵和平原地区营造优质丰产园。该品种遗传增益：绿原酸 2.17%、桃叶珊瑚苷 32.28%、总黄酮 -41.14%、杜仲胶 44.95%。在陕西汉中、杨凌和咸阳北塬均表现为高胶、药型优良品种。

(3)'秦仲 3 号'

'秦仲 3 号'为高药型优良品种。幼龄树皮光滑，成龄树皮较光滑，灰色，横生皮孔稀疏，属光皮类型。树冠紧凑，阔锥形，分枝角度 55°~65°。芽圆锥形，3 月中旬萌动。叶片卵形，细锯齿，单叶面积 55.10 平方厘米，雌花 4 月下旬开放。树干通直，生长较快，根萌苗 3 年生树高 4.44 米，胸径 3.53 厘米。该品种药用成分含量高，为药用型和果用型优良品种。超氧化物歧化酶活性强，抗旱性较强，抗寒性较弱，比较速生。适于雨量充沛的地区营造优质丰产园。该品种遗传增益：绿原酸 90.52%、桃叶珊瑚苷 114.76%、总黄酮 17.54%、杜仲胶 26.48%。该品种在陕南和关中地区表现为高药型优良品种。

(4)'秦仲 4 号'

'秦仲 4 号'为高药、防护林型优良品种。幼龄树树皮光滑，成龄树树皮浅纵裂，皮孔消失，树皮褐色，属粗皮类型。树冠紧凑，圆锥形，分枝角度 45°~55°。芽圆锥形，3 月中旬萌动，叶片椭圆形，细锯齿，单叶面积 48.5 平方厘米，雄花 4 月中旬开放。树干通直，生长迅速，根萌苗 3 年生树高 4.04 米，胸径 3.98 厘米。该品种药用成分含量高，为药用型和花用型优良品种。抗旱性和抗寒性都强，速生。适合于山区、丘陵地区营造优质速生丰产园。由于它抗性强，也适合于营造防护林和水土保持林。该品种遗传增益：绿原酸 71.3%、桃叶珊瑚苷为 21.78%、总黄酮 -23.21%；杜仲胶 2.51%。该品种在关中地区表现为高药型优良品种。

选育出的 10 多个杜仲良种，为杜仲生产逐步实现良种化奠定了

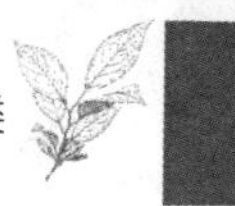

良好的基础。但杜仲生产发展到现在的规模，栽培基本上还停留在普通实生苗造林的水平。据了解，目前我国杜仲良种的利用率尚不足2%，种苗良莠不齐，生长分化严重，生产力不高的问题日益突出。因此，需要尽快对现有杜仲良种进行规模化示范与推广，满足全国良种苗木的供应。总之，杜仲高产栽培技术必须与杜仲的良种化相配套，才能发挥杜仲最大的增产潜力和效益。品种较为丰富的杜仲优良无性系，为杜仲生产和杜仲胶产业化开发奠定了良好的材料基础。

三、杜仲种质资源主要性状变异

杜仲为雌雄异株，异花授粉，长期采用天然杂交的种子进行繁殖，容易出现形态改变和地理生态变异，因此在树皮特征、叶、花、芽、果等方面表现出不同的特点。

(一)质量性状变异

1. 树皮变异

传统上杜仲树皮特征存在两大变异类型，即粗皮杜仲和光皮杜仲。通过对杜仲种质资源调查、收集、整理，到目前为止发现杜仲树皮至少存在4种变异类型，即深纵裂型、龟裂型、浅纵裂型和光皮型。

(1)深纵裂型

树皮呈灰色，干皮粗糙，具有较深的纵裂纹；横生皮孔极不明显，韧皮部占总皮厚的62%~68%。雌花期3月中旬至4月下旬，柱头2裂，向两侧伸展呈“V”形；雄花期2月下旬至4月中旬，雄花在苞腋内簇生，雄蕊8~10枚，翅果椭圆形，长3.0~5.0厘米、宽1.1~1.6厘米，果实9月下旬至10月中旬成熟。

(2)龟裂型

树皮呈暗灰色，干皮较粗糙，呈龟背状开裂；横生皮孔不明显，韧皮部占整个皮厚的65%~70%。雌花期3月中旬至4月下旬，柱头2裂，向两侧伸展反曲；雄花在苞腋内簇生，雄花期2月下旬至4月上旬，雄蕊 6～10 枚；翅果宽椭圆形，长 3.0～3.8 厘米，宽 1.0～1.3 厘米，果实 9 月下旬至 10 月下旬成熟。

(3)浅纵裂型

树皮浅灰色，干皮只有很浅的纵裂纹，可见明显的横生皮孔；木栓层很薄，韧皮部占整个皮厚的92%～98.6%；雌花期 3 月中旬至 4 月下旬，柱头 2 裂；向两侧伸展呈宽“V”形；雄花期 3 月上旬至 4 月中旬，雄花在苞腋内簇生，雄蕊 7～10 枚；翅果宽椭圆形，长 3.2～4.1 厘米，宽 1.2～1.5 厘米，果实 9 月中旬至 10 月上旬成熟。

(4)光皮型

树皮呈灰白色，干皮光滑，横生皮孔明显且多；只在主干基部可见很浅的裂纹，韧皮部占整个皮厚的93%～99%；雌花期 3 月中旬至 4 月下旬，柱头 2 裂；向两侧伸展反曲呈宽“V”形；雄花期 3 月上旬至 4 月中旬，雄蕊 7～10 枚；翅果呈椭圆形，长 3.0～4.1 厘米，宽 1.0～1.4 厘米，果实 9 月中旬至 10 月中旬成熟。

上述 4 个不同类型在不同地区的分布比例差别很大，河南南阳贵州遵义等地以深纵裂型分布较多，而湖南慈利等地则以光皮型较多。从全国整体分布情况看，深纵裂型占 35%，光皮型占 20%，浅纵裂型占 40%，龟裂型约占 5%。树皮的不同类型特征约在树龄 8～10 年生时才能充分表现出来，幼龄树主干皮都较光滑。

2. 叶片形态变异

杜仲从叶片形态上看主要有卵形叶和椭圆形叶，由于生态环境、生长状态等的变化，叶片形态表现不稳定，往往同一单株上同时有 2 种叶片出现。在湘西曾发现红叶杜仲和叶片长度达 33 厘米的长叶类型。河南洛阳发现一种小叶杜仲，叶片厚、革质，通过芽变选择培育出一种密叶型杜仲，节间长度仅为普通杜仲的 1/3 或 1/2。因此，从叶片形态上划分杜仲类型实际意义不大。但从叶片其他特征看，存在一些明显的变异类型，根据叶片形态变异又可把杜仲分为长叶柄杜仲、小叶杜仲、大叶杜仲、紫红叶杜仲等。

(1)长叶柄杜仲

叶柄长3.1~5.6厘米，叶片呈椭圆形，叶基楔形或圆形，叶长13.0~24.0厘米，宽5.2~9.2厘米；叶色淡绿至绿色，上表面光滑；叶纸质，单叶厚0.18毫米；叶片下垂明显，并向内侧卷曲。

(2)小叶杜仲

叶片小，呈椭圆形，叶长6.2~9.0厘米，宽3.0~4.5厘米，叶柄长1.5厘米。叶面积仅为普通杜仲的25%左右。叶片厚，呈革质，单叶厚0.29毫米。该类型最初在河南省洛阳市发现，经扩大繁殖，性状表现稳定。具有树冠紧凑，叶片分布较密集等特点。

(3)大叶杜仲

叶片大，呈宽椭圆形，叶长18.6~23.3厘米，宽11.2~15.7厘米，叶柄长2.1厘米。叶缘具较深的单锯齿或复锯齿，锯齿深度0.4~0.7厘米。叶色深绿色，表面光滑，叶背较粗糙。叶面积为普通杜仲的1.8~2.2倍。单叶厚0.21毫米。树冠较稀疏，树冠呈圆头形。

(4)紫红叶杜仲

子苗出土后叶片表现为浅红色，以后每年春季抽生嫩梢为浅红色，展叶后除叶背面和中脉为青绿色外，叶表面、侧脉以及枝条在生长季节逐步变成紫红色。叶卵形，叶基圆形，叶长11~17厘米，叶宽6.4~10.6厘米，叶柄长1.6~1.9厘米，叶片纸质，单叶厚0.2毫米。该类型具有较好的庭院观赏价值。

3. 枝条变异

根据枝条变异类型分为短枝(密叶)型杜仲和龙拐杜仲。短枝型杜仲叶片稠密，材质硬，抗风能力强，适宜密植和营造农田防护林；而龙拐杜仲枝条呈“Z”字形，叶片下垂明显，上表面光滑，具有较高的观赏价值。

(1)短枝(密叶)型杜仲

本类型最明显的特点是，叶片稠密，短枝性状明显。节间长1.0~1.2厘米，为普通杜仲的1/3~1/2。枝条粗壮呈棱形。叶片宽椭圆形，表面粗糙，锯齿深凹；叶色浅绿色或绿色，叶纸质，单叶厚0.25毫米；叶长12~15厘米，叶宽8.0~10.2厘米，叶柄长1.5~2.0厘米。冠形紧凑，分枝角度小，仅25°~35°。材质硬，抗风能力强，适宜密植和营造农田防护林。

(2)龙拐杜仲

本类型枝条的"Z"形十分明显，呈龙拐状，左右摆动角度达23°~38°。叶片为长卵圆形或倒卵形，叶缘向外反卷，叶长14.1~18.4厘米，宽8.1~10.3厘米，叶柄长1.8~2.6厘米，叶色浅绿色至绿色，单叶厚0.19毫米，叶片下垂明显，上表面光滑。该类型具有较高的观赏价值。

4. 果实形态变异

不同产区或不同雌雄之间的杜仲果实形态差异较大，根据杜红岩各地调查结果，杜仲果实存在两种变异类型，即大果型杜仲、小果型杜仲。

(1)大果型杜仲

果长4.5~5.8厘米，宽1.3~1.6厘米，果翅宽。种仁长1.3~1.6厘米，宽0.32~0.36厘米，厚0.12~0.15厘米，成熟果实平均千粒重105~130克，每千克7692~9524粒。种仁重量占整个果重的35%~40%。该类型果实除用作杜仲实生苗的培育外，还适用于种仁榨油和利用外果皮提取杜仲胶。

(2)小果型杜仲

果长2.4~2.8厘米，宽1.0~1.2厘米，果翅窄小。种仁长1.0~1.2厘米，厚0.12~0.15厘米。成熟果实平均千粒重42~70克，每千克14286~23810粒。种仁重量占果重的37%~43%。小果杜仲主要用作杜仲砧木苗的培育。

大果型杜仲和小果型杜仲从外观上区分十分明显。但杜仲果实多数为中等果，介于大果与小果之间。同一单株果实的大小，都会因为管理水平的差异及结果量的多少而发生变化。在生产上，若管理水平高，结果量少，果实大；反之管理粗放或结果量过大，果实

明显变小。因此，在鉴别杜仲果实类型时应注意栽培条件和结果情况。

（二）数量性状变异

杜仲叶长度一般在 10～15 厘米，也存在长度小于 3 厘米和大于 18.5 厘米，甚至达到 33 厘米的类型。成龄树单株干叶重一般为 10.4～21.5 千克。杜仲从幼苗开始，叶片数量和单株产叶量随着苗木和树木生长迅速增加，20 年生时单株产叶量可达 18.3～22.6 千克。叶片厚度前期较薄，4 月下旬每片叶厚仅 0.12 毫米，5 月中旬达到 0.16 毫米，至 7 月上旬叶片厚度基本稳定，单叶厚 0.2 毫米。

杜仲树的高速生长期出现在第 3～8 年，年高生长量在 0.6～1.2 米，但又以第 3～5 年时树高生长最快。8 年后树高生长迅速减慢，年高生长量为 0.2～0.4 米。树径的生长量，前 3 年比较缓慢，年均胸径生长量 1.1～1.3 厘米，第 3～10 年生长量稳步增长，年胸径生长量达 1.5～2.2 厘米。对河南省深纵裂型和光皮型两类 8～50 年生杜仲的主干皮厚度以及 3～5 年生幼树的树皮厚度进行观测，发现杜仲 3 年生皮厚（1.3 米处，下同）为 0.9 毫米，5 年生为 1.9 毫米。第 10～25 年为树皮厚度快速增长期，25 年以后增长缓慢。杜仲含胶量不同部位差异较大，其中杜仲果实含胶率最高，一般为 10%～12%，树皮含胶率 5%～10%，而叶片含胶率一般在 1%～3%。

杜仲果实大小差别较大，主要是单株之间的差异，不同产地果实有大有小。千粒重在 42～130 克，7692～23810 粒/千克。但多数果实千粒重在 80 克左右，13000 粒/千克。果实长、宽比为2.3～3.3。

第四章 杜仲苗木繁育技术

杜仲苗木的繁殖方法很多，常见的有播种繁殖、扦插繁殖、根蘖繁殖、压条繁殖及嫁接繁殖等。其中以播种育苗效果最好，播种育苗可以生产大量的种苗，还可以保持物种的稳定性，在生产中应用最为广泛。但对于杜仲种质资源缺乏的地区来说，扦插、压条、根蘖育苗等无性繁殖方法也是一条短时间可以快速获得大量优质种苗的捷径。

一、播种繁殖

宜选新鲜、饱满、黄褐色有光泽的种子，于冬季11~12月或春季2~3月，月均温达10℃以上时播种，一般暖地宜冬播，寒地可秋播或春播，以满足种子萌发所需的低温条件。种子忌干燥，故宜趁鲜播种。如需春播，则采种后应将种子进行层积处理，种子与湿沙的比例为1∶10。或于播种前，用20℃温水浸种2~3天，每天换水1~2次，待种子膨胀后取出，稍晒干后播种，可提高发芽率。条播，行距20~25厘米，每公顷用种量120~150千克，播种后盖草，保持土壤湿润，以利种子萌发。幼苗出土后，于阴天揭除盖草。每公顷可产苗木45万~60万株。

（一）种子的选择

采种母树应选择生长发育健壮、树皮光滑、无病虫害和未剥皮利用的20年生以上的壮年树。贵州遵义杜仲林场，按照上述标准，从已普遍开始结实能辨认雌雄株的9年生人工林中，专选雌株，并

配备一定数量的雄株，移出林外，培养成母树林，效果良好。其具体做法是：选定的母树挖取后，截去树冠，保留干高3米，按4米×6米株行距，定植在林分附近空旷地，使其重新萌发新条，留养5~7个分枝构成自然开心形树冠，以扩大结实面。加强管理，移后2~3年，母树林即普遍开花结实，产种量逐年提高。移植后第10年，单株产籽量平均有2.7千克，每亩达73千克。

杜仲种子成熟的特征是，果皮呈栗褐色、棕褐色或黄褐色，有光泽，种粒饱满胚乳白色，子叶扁圆筒形、米黄色。采种时，要等种子完全成熟后进行(一般是霜降以后，树叶大部分落光)。选择无风或小风的晴天，用竹竿轻敲或用手摇动树枝，使其脱落。同时，在顺风方向离母树一定距离的地面，铺上布幕，以便承接落下的种子。

种子采集后，应放在通风阴凉处阴干，忌用火烘和烈日暴晒。干燥种子的标准湿度是10%~14%。经过净种，即可贮藏。种子千粒重因产地不同，相差很大，变动于50~130克之间，每千克种子在7000~20000粒之间。种子发芽率，经过催芽处理的可达80%以上，未经催芽处理的在60%以下。

(二)种子品质的鉴别

杜仲种子品质好坏受多种因素的影响。采种时间的早晚、母树年龄的大小、母树营养状况、母树是否剥皮及剥皮的轻重、种子晾晒的质量，以及种子保管的好坏、是当年新种还是隔年陈种等，都直接影响到种子的播种品质。在种子收购或异地采购杜仲种子时，都应对种子的播种品质进行认真鉴别。

目前，生产上多根据种子的外观特征进行鉴别(表4-1)。合格种子翌年播种时的发芽率应在50%以上，如采取低温或密封保存，优质种子发芽率可达90%以上。

表 4-1　杜仲种子品质及外观特征

种子品质	外观表现特征
优质种子	种皮新鲜，有光泽，棕黄至棕褐色；种仁处突出明显，种仁充实、饱满；剥出胚乳为米黄色
劣质种子	种子卷曲、薄，种仁充实饱满，种翅多褶皱，种皮无光泽，褐色至黑色
未成熟种子	种子薄，种皮青绿色至青黄色，色浅而淡，种仁处不充实饱满；剥出胚乳与子叶色浅，且二者分化不完全
陈旧种子	种皮无光泽、褐色至黑色，种翅不坚韧、易碎；剥出胚乳为褐色至黑色

(三) 种子处理

种子的萌发需要良好的自身条件，如有完整的和生命力强的胚、有足够的营养以及处于休眠状态，还需要有充足的水分、适宜的温度、足够的氧气等外界条件的保障。但是很多种子由于果实、种皮或胚乳中存在抑制发芽的物质如酸、氮、植物碱、有机酸、乙醛等，阻碍胚的萌发；或是种皮太厚、太硬或有蜡质，透水、透气性能差，影响种子萌发。杜仲种子由于种皮含大量杜仲胶，对种胚束缚力很强，且难以吸水膨胀，故发芽相当困难。种子不经催芽而直接播种，往往发芽率及出苗率很低。杜仲种子催芽的方法很多，目前生产上常采用的方法如下。

1. 温水浸种、混湿沙冻藏催芽法

12 月中下旬至翌年 1 月上旬，选取当年收获的饱满、成熟种子，放入 50℃左右的温水中浸泡 3 天，每天用 50℃水换水 1 次，加水时应边加边搅拌，以防止种子被烫坏。将浸泡出来的脏水冲洗干净，浸泡过程中清除劣质种子。浸泡 3 天后，将种子与湿沙按照 1∶3 的比例混匀。拌好后装入编织袋或麻袋内，北方寒冷地区可以放在室外阴凉处，南方气温达不到零下时，可将其放入冷库中，使其结冰。冷冻期间随时翻开袋子进行检查，防止种子失水干燥。如袋内种子失水干燥，可随时向上泼水，促其上冻，冷冻 30 天左右。每隔 10 天将种子拿到室内火炉旁，让其解冻，解冻后将混沙种子倒出，反

复翻动几遍，再重新装入袋内，拿到室外阴凉处，泼上水，继续冻藏。如此反复冷热处理3~4次后，至2月下旬开始，种子可大量发芽。当发芽及露白种子占30%时，即应开始播种。

2. 混湿沙地下层积催芽法

12月初，种子收获适当阴干后，将种子与湿沙按1∶3的比例混合、拌匀，沙的湿度以手握成团不滴水为宜。或者分层放置，即一层种子一层湿沙，注意种子铺得要均匀，不要重叠，湿沙的厚度适中，也可按照种子厚度的3倍铺湿沙，促使其发芽。在室外选地势较高而平坦的地方挖长方形坑，宽度和深度均以0.6~1.0米为宜，长度视种子数量而定。为了防止积水或者湿度过大影响杜仲种子的发芽，先在坑底铺10厘米厚的石粒排水，再铺10厘米厚的沙，之后填入30厘米的湿润种沙，其上覆盖10厘米厚的沙子，堆成圆拱形。如果种子数量较多，沟长大于0.6米，应在沟底每0.5米竖一通气草把(或高粱秸秆)，粗度以10~15厘米为宜，长度应高出沟的深度。埋好种子后，可从每个草把内相间抽出3~5根高粱秸秆，以便使沟内更好的通气。沟的周围应用土围一土堰，防止雨雪进入沟内。

3. 温水浸种、混沙增温催芽法

如果采收后没能及时处理，可在2月中旬以后，临近播种期，用温水浸种、混沙增温催芽的方法。先将种子用40~50℃水浸泡3~4天，每天换水1次，除去水面漂浮种子，然后将种子与湿沙按1∶3的比例混合、拌匀，堆成厚度为30~40厘米的平堆，其上覆盖新塑料布(旧塑料布透光性差)，在室外利用太阳辐射增温，每天上下翻动1次，翻动时检查其湿度情况，并酌情喷水保持种子和湿沙的湿度。保证种子的发芽条件，观察种子的发芽情况，一般5~7天种子即开始发芽露白，待发芽及露白种子占25%~30%时，即可取出播种。

4. 赤霉素处理催芽法

如在播种前对种子进行催芽，可采用赤霉素快速催芽的方法。

先将干藏的种子放入40~50℃温水中浸泡20~30分钟(时间不可过长)，其间不断搅拌，随时将漂浮的种子除去，然后将种子捞出，滤干水，再将种子倒入0.02%的赤霉素溶液中浸泡48小时，其间每隔3~5小时用木棍搅拌1次，以使种子充分吸水。最后将种子捞出，滤干水，即可播种。0.02%赤霉素药液的配制方法为，先将1克市售的85%结晶状赤霉素溶于25毫升酒精或饮用白酒中，反复搅拌，使其充分溶解，再将此倒入5千克清水内，搅匀后即得到0.02%的赤霉素溶液。如果种子数量多，可照以上比例增加配制数量。

5. 剪截种翅

杜仲的种翅含有杜仲胶和纤维组织，会阻碍种子吸水和萌发，因此在播种时，破坏种翅有利于提高种子的吸水能力，在一定程度上提高种子的萌发率。种子稀少或播种数量很少时，可将种翅头尾两端剪除，最好将种子两端剪破一个小口，以不损伤胚根和子叶为原则，然后用20℃温水浸种24小时，捞出后在18~20℃条件下保湿催芽6~8天，即可使种子萌芽。此法能有效除去种子本身的抑制剂。用种量较少时，可以采用此种方法。

杜仲种子发芽要比其他植物种子困难得多，一般经催芽后可提高发芽率，以上各种催芽方法各有优缺点。混湿沙层积催芽法与温水浸种催芽法方法简单，便于操作，但需要较长时间，且发芽慢，发芽率低；赤霉素处理方法简便易行，发芽率高，但药剂配制浓度不易掌握；剪截种翅法可提高发芽率，但操作费工费时，故生产上难以推广；温水浸种、混湿沙冻藏法更适合北方寒冷地区，南方需要解决冷冻条件。各地可以根据生产需要、育种目的和育种数量等来选择种子的处理方法，也可以将上述方法进行综合使用，提高杜仲种子的萌发率，培育健壮的种苗。

(四)播种时间

杜仲的播种时间分为春季播种及秋季播种，我国南方还可以进行冬季播种。目前我国主要采用春季播种，因为春季气温缓慢上升，播种有利于种苗出苗整齐，能大大提高发芽率，便于田间管理。我

国南北各地气候条件差异很大，一般在日均温稳定在10℃左右时即可播种。长江流域播种时间以2月上中旬为宜，黄河流域以3月上中旬为宜，北方寒冷地区以3月下旬至4月上旬为宜。由于杜仲种子的出苗在低温条件下受影响较小，但是温度太高反而会导致种子在土壤中霉烂，降低出苗率，且温度高会滋生各种病菌和虫害，危害幼苗，因此杜仲播种宜早不宜迟。

（五）播种量

杜仲种子大小和播种方式不同，播种量差异很大。一般情况下，如进行点播，每公顷需种子100～120千克；如开沟撒播，每公顷需种子150～180千克。以上每公顷可平均生产苗木30万~45万株。如进行畦面撒播，每公顷则需种子450～600千克，可出幼苗120万~150万株，待长出2对真叶时再进行移栽。

（六）播种方法

杜仲大田播种方法分为点播、条播和撒播3种。

1. 点　播

点播前在整好的苗床内先灌一次透水，挑选均已发芽、露白的种子，待水刚刚渗下后，在畦面按照行距25～30厘米、株距3～5厘米播种，因此每催芽一批就播种一批。种子以立放最好，种柄向上，如种子平放，则发芽、露白的一面向下为宜。种子安放完后，撤掉拉绳，从邻畦取疏松的表土覆土，覆土的土壤质地应为壤土或沙壤土，不可用黏土，如土质偏黏，则应客土覆盖，否则幼苗难以出土，覆土厚度2厘米左右。覆土时可沿播种行进行，行间不覆土。覆完土后需用木板将覆土轻轻压实，但不可重压和重拍。

具体点播时应注意以下几点：①所点播种子均应为已发芽、露白种子，即种子发芽一批就播种下地一批，不露白的种子不播种。这样虽然费工，但可确保苗全。②用于覆土的土壤质地应为壤土或沙壤土，不可用黏土，如土质偏黏，则应客土覆盖，否则幼苗难以出土。③覆土厚度务必严格控制在2厘米左右，因杜仲幼苗是带子叶出土，出土阻力大，覆土过厚则幼苗难以出土。如春季播种时苗床墒情好，亦可在畦内按25~30厘米行距开沟，深23厘米，用水壶或水桶往沟内流水，待水渗下后，随后往沟内按3~5厘米的株距进行点种。如土质为壤土或沙壤土，可用开沟出来的土进行覆土。如土质偏黏，则需客土覆盖。其他操作同上。由于点播能够节约种子而又保证全苗，且出苗后当年不需再行移栽，所以生产上采用较多，是育苗生产上最常用的播种方法，尤其在种子和土地紧缺的情况下更为适宜。

2. 条　播

在畦内按25~30厘米行距开沟，根据墒情顺沟灌水，水下渗后，将经过催芽的种子撒入沟内。因撒的种子包括未发芽、露白的种子在内，故种子的株距应大体控制在2~3厘米，然后覆土，轻轻压实。由于该方法是对经过催芽的种子一次性播种，且种子在沟内撒播，不需逐个安放，所以省工、省时，在我国杜仲主产区已得到较为广泛的采用。该方法的缺点是出苗往往不均匀，密的地方需要间苗，过稀的地方需要移栽补苗。该方法适宜于春季降水多且种子充足的地区，土壤质地为壤土或沙壤土。土壤质地黏重的地块不可采取条播的方法。

3. 撒　播

撒播又分为畦面撒播和深沟撒播。

(1)畦面撒播

在整好的畦内先灌1次透水，随即往畦内撒种，撒种要均匀，大体控制在种子之间的距离为3厘米左右，即每平方米撒种1000粒左右。撒完后随即覆土，覆土厚度以2厘米左右为宜。最后用木板将畦内覆土刮平，并稍微压实。该方法的优点是省工省时，便于对幼苗集中管理。缺点是浪费种子，且幼苗长出2对真叶时需进行移栽。该方法适合于种子充足且播种当时暂无空闲育苗地时采用。

(2)深沟撒播

在我国西北干旱、多风的地区，为提高播种后幼苗根际土壤保水能力，提高苗木存活率，常在播种时开12~15厘米深的深沟，将

沟底用脚踏实，沟内浇水，待水渗下后随即在沟底撒种，然后覆土2~3厘米厚。待苗木出土后逐渐将沟填平。

综上所述，杜仲播种不管采取何种方法，都要注意三个问题：一是要保证土壤墒情好，土壤干燥时应浇水造墒；二是覆土厚度以2厘米为宜，偏厚时幼苗难以出土，偏薄时容易使种子失水而失去发芽能力；三是所用覆土必须是疏松的壤土或沙壤土，如质地黏重，土壤易板结，幼苗无法出土，造成出苗率很低。

（七）播种后管理

杜仲种子的萌发和出土与一般植物不同，先是胚根从种子内萌发长出，向下伸长，随后胚茎及子叶逐渐伸出，当2个子叶从种子内完全抽出后，则幼茎将2个细长的子叶挺出地面，以后2个子叶之间的胚芽逐渐向上生长，并长出真叶，从而形成一株幼苗。

1. 浇水及排水

杜仲1年生苗喜湿又怕涝，土壤过分干旱和过分潮湿都会影响生长，甚至生长停滞。在春季干旱的北方应及时浇水，而在春天多雨的南方应及时排水。苗木移植时要浇一次定根水，且要浇透。浇水宜在早晨或傍晚进行，尽量避开天气炎热的中午，如利用地上水灌溉则全天均可进行。

2. 施　肥

6月中旬在苗木速生期到来之前，应对苗木追施肥料一次，施肥品种以硝酸铵、硫酸铵或尿素为宜。行间开沟，将肥料撒入沟内，覆土后浇透水一次；施肥量以每公顷施150~225千克为宜，尿素应数量减半。如土壤基肥不足，于8月中旬应再追施化肥一次。9月以后不可再追施肥料，通过控制水、肥来控制苗木后期旺长，以便促进苗木木质化，防止苗梢冬季受冻而抽干。杜仲1年生苗除采用地下施肥外，还适合进行叶面施肥。据调查，经喷施叶面肥后，当年苗木高度平均提高22%，地径平均提高8%。

3. 中耕除草

育苗地应始终保持疏松，以保证土壤内有足够的空气供地下苗木根系呼吸，才能保证苗木的旺盛生长。同时中耕松土还具有抗旱保墒的作用，可有效地减少灌溉次数。每次灌溉及降雨之后，均应及时结合除草进行中耕。

4. 去　顶

9月中旬以后，应把苗顶芽抹去，控制高生长，促进粗生长。如此后萌发侧枝，应及时将侧枝顶芽抹去。去顶在苗木密度大的情况下更为重要，有利于培养壮苗。

5. 防　寒

杜仲本身是一个抗寒树种，但1~2年生苗木在我国北方寒冷地区则经常遭受冻害，苗干上部抽梢严重，严重影响来年生长。北京地区在冬季来临之前，1年生苗于11月中旬采取埋土的办法进行防寒，取得了良好的效果。具体方法是，在11月中旬苗木落叶之后，将1年生苗木顺行朝同一方向压倒，随即用行间的土进行掩埋，一般埋土厚度为35~40厘米；以将苗木能完全埋入土内为原则，翌年3月初将埋土撤除，并将苗木扶正，随后浇灌透水一次。

二、扦插繁殖

扦插技术作为繁殖良种的主要方法之一，在花卉和许多树种上已广泛应用，取得了良好效果。将植物的根、茎、叶等部分营养器官剪下，插入沙或其他基质中，使其成为新的植株，称为扦插繁殖。扦插又分为枝(芽)插、叶插、根插。枝插按插条的木质化程度不同，可分为软枝扦插、嫩枝扦插(也称半硬枝扦插)及硬枝扦插。扦插繁殖也可保持母本优良性状。由于它不需嫁接，育苗周期较短，比较容易生根的树种进行扦插，可以大大加快良种的繁殖速度。杜仲扦插繁殖的历史不长，但近来国内有关单位的研究和部分产区实践，取得了较好的效果。杜仲育苗中应用的扦插繁殖方法主要为嫩枝扦插法，也可用硬枝扦插法。

(一)嫩枝扦插

采用幼龄化的穗条扦插是保证杜仲嫩枝扦插高成活率的首要

条件。

扦插繁殖于6~7月进行，选用当年生的、发育充实的、木质化程度低的枝条作为插穗。为了使插穗多积累养分，在剪取插穗前5天，将被选为插穗的枝条剪去顶芽，促使枝条生长粗壮，扦插后容易生根。插穗应剪成长8~10厘米，最少带3个节，剪口要平，上剪口距芽1~15厘米处剪平，下剪口在侧芽基部或节处平剪，一般离节处2~3毫米，剪口要平滑。每条插穗留3~4片叶，为了减少蒸发，叶片要剪去1/2。插穗的长度，下切口的形状与留叶多少，是插穗切割处理的三要点，千万不可忽视。为了促使生根，可用50毫克/升的吲哚丁酸或萘乙酸浸泡插穗24小时，可将杜仲嫩枝扦插的成活率提高至70%。此外，可将插穗的下口在0.01%生根剂中蘸一下，然后再扦插，可以促进生根。

插床基质用河沙或蛭石都可以，插床要整平，避免积水。具体操作方法是：先用比插穗粗的树枝或小竹棍，直径5~6毫米，按扦插株行距(3厘米×5厘米)垂直打孔，孔深约2厘米，再把准备好的插穗放入孔中，然后用喷壶浇透水，插床基质就会与插穗紧实地相接在一起了，为了充分利用空间，插床上扦插的密度都比较大。一个插床可以插几种插穗，最好一次把插床的空间插满，以利于统一管理。扦插结束后，再盖上塑料布做成的圆拱形棚，塑料布的周围要压实密封，以利于插床的保温、保湿。插床内的土壤温度要保持在21~25℃，湿度要基本饱和，高湿和适宜温度的扦插环境，能维持枝条水分代谢的平衡，提高嫩枝扦插的生根率。

植物扦插后的管理工作十分重要。杜仲嫩枝扦插后的管理工作的重点是要抓住水分管理和温度控制。每天喷水1次，保持叶面新鲜，如气温过高，可喷水2次，保持插床湿润。同时用苇棚或塑料布遮阴，使插穗接受部分日光，减少蒸腾。插床内温度接近30℃时，要每日中午将塑料布揭开一角通风降温，16:00以后再把塑料布盖严密，15~30天以后可以生根。插穗生根后，在插床内养护大约1个月，其管理方法同前。待到根系生长旺盛时，可以把塑料布逐步揭开进行驯化，让成活的扦插苗逐渐适应外界环境，然后移栽到栽植园中。

（二）硬枝扦插

硬枝扦插是在杜仲落叶后剪取硬枝进行扦插。在秋冬季杜仲树进入休眠期，或春季芽萌发之前，即入冬后的11月到翌年2~3月进行。落叶后选取成熟、节间短而粗壮的1年生枝条作为插穗，插穗的切割剪取方法基本同嫩枝扦插。由于插穗枝条上的芽冬季和早春时节处于休眠状态，因此插穗枝条必须通过一段时间的低温才能萌发，同时低温贮存还能使抑制物转化，促进生根。

具体做法是：挖40厘米的深坑，坑底先铺2厘米厚的稻秸，再并排放杜仲树插穗约12厘米厚，在其上面铺2厘米厚的稻秸和10厘米厚的土，然后上面再重复排放一层稻，一层插穗，一层稻秸和土。最后在上面培土踏紧，周围修好排水沟，以防雨水浸入。从11月贮存到翌年3月，取出扦插。如果插量少，还可以直接贮存在4℃的冰箱中，但是注意将插穗用塑料袋包好，防止缺水。

三、根蘖繁殖

杜仲树根蘖力很强，所以生产上可利用根蘖来繁育苗木。杜仲树根蘖能力的大小，与树龄及立地条件有关，一般树龄在15~30年期间根蘖能力较强，立地条件好、水肥管理充足的树根蘖能力强，故生产上应选择立地条件好、生长旺盛的15~30年树进行根蘖育苗。

（一）埋根繁殖

在秋季杜仲落叶后至春季土壤解冻前挖取良种大树根段，将根段截成15厘米长，两端平。每100根捆成一捆、及时进行沙藏处理。春季利用河沙作埋根床，沙厚20厘米左右，将根段平埋于河沙池中，上盖1.5厘米河沙，沙的湿度与贮藏种子沙的湿度相当。埋床用0.3%~0.5%的高锰酸钾充分消毒，搭设塑料拱形棚。经常检查沙床湿度及时补充水分。实践表明，以直径1.5厘米左右的种根成

活率较高、根段越粗萌苗数越多，但生根力越弱。母树年龄越大，根段生根力越强。杜仲根萌苗主要发生部位在根段端部愈伤组织处，杜仲根段在形态学上端和下端愈伤组织上都能产生根萌苗，说明杜仲根段具有极性较弱现象，幼龄的种根用平埋的方式有利于形态学下端产生根萌苗。

大树根段埋根繁殖是保存良种资源的有效方法，但根段有限，大面积繁殖受到限制。杜仲也可利用露地插根进行繁殖，起苗时剪下较粗根段，或挖取幼树根段、剪成7~10厘米长。插于备好的苗床中，上端与地面平齐，上盖1.5厘米厚的细湿土，行距30厘米，株距10厘米，作成3行宽的畦，搭设塑料拱棚。

埋根、嫁接和嫩枝扦插3种方法配套应用，可提高繁殖系数，加快良种苗木的繁殖速度，对实现杜仲生产良种化具有重要意义。

(二)留根育苗

冬、春季起苗时，在不影响苗木造林成活率的前提下，将苗木根系截断一部分留在土壤内，然后顺原苗行开挖成宽“V”形沟，深度视留根位置而定，一般深15厘米，宽20厘米。露出所留断根1厘米长，用利剪剪去端部毛茬，倾斜45°。然后用塑料薄膜盖成宽30厘米、高20厘米的微型拱棚，留根可从端部萌出数个至十几个萌芽，萌芽5厘米高时揭去拱棚，原则上每根只留1个粗壮萌条使长成壮苗，其余萌条高10厘米左右时用刀片削取进行扦插。幼苗长出土面后，逐步用土将“V”形沟填平，可进行正常苗圃管理。一般留床根苗当年苗高可达到1.5米，地径1.2厘米以上。留床根苗往往根系不发达，侧部萌苗多形成拐形根，6~7月可用铁锹将两侧根斩断，促发须根，提高造林成活率。

(三)带根埋条繁殖

该方法是将1年生杜仲实生苗或扦插苗整株平埋于苗床内，促使腋芽萌条生根，达到一株繁殖多株的目的。选择土质疏松的沙壤土作苗床，将床面上整细整平，选择优质壮苗作为埋条材料，用0.05% ABT生根粉浸泡枝条20分钟，将处理好的杜仲苗按株距10

厘米，行距100～150厘米(根据苗木高度而定)栽好后，再用竹竿逐行压倒覆土，覆土厚度1.5～2厘米，不宜过深。苗木梢部要用土压紧，防止苗干拱起。埋条后10～15天，如温度适宜，苗干上会萌条5～15个，当萌条高度达10厘米以上时，为促进萌条基部生根，及时盖上一层湿润细土。当萌条高度达50厘米以上时，检查萌条基部生根情况，对生根的萌条用剪刀从萌条间剪断，使萌条生长成独立植株。带根埋条适于小面积繁殖育苗，尤其对优良品种扦插苗埋条后可扩大繁殖良种，对未生根的萌条还可采穗进行嫁接。

四、压条繁殖

压条繁殖是把植物的枝条埋入湿润土中，或用其他保水物质(如苔藓)包裹枝条，创造黑暗和湿润的生根条件，待其生根后与母株割离，而成为新的植株。多用于扦插难以生根的植物，或一些根蘖较多的木本植物。由于压条是一种不脱离母体的繁殖方法，所以压条的时间也比较长，在整个生长期中都可以进行，但在4月下旬气温回升、稳定后进行比较适宜，可以一直延续到7～8月。常用的压条方法有：单枝压条、波状压条及高空压条等。因为杜仲的萌蘖力很强，利用这一特点，可进行单枝压条。

春季在母树周围，依靠萌蘖力长成的1～2年生蘖枝，可以作为压条的材料。将所压部位枝条的节下予以刻伤，或环状剥皮，然后弯曲枝条压入土中，枝条顶端露出地面，以“V”形钩或砖石将埋入土中的部位固定，以免枝条弹出。覆土10～20厘米，待萌蘖抽生高达7～10厘米时，把土压紧压实，经过15～30天，萌蘖基部可发生新根。压条第二年根系较为发达时，即可与母体切离，挖出移栽，成为新的植株。

压条繁殖在河南洛阳、南阳等地应用较多。常在杜仲林内进行。一般是结合密植园经营，在苗木定植第二年平茬或林木砍伐后，每株萌生的数个至数十个萌条，选择强壮的1～2个萌条培养成植株，其余萌条在植株周围均匀选留4～8个，逐步平拉。冬季苗木落叶后

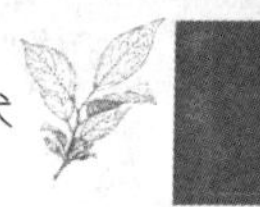

在各萌条下面挖35厘米左右深的坑，将萌条慢慢弯曲成弓形，萌条上部露出土面，最下部用芽接刀刻伤2~3刀，用0.01% ABT生根粉涂抹刻伤处，然后封土与地面平。这种方法压条生根率较高，一般冬季压条，翌年6、7月就生根，8月底将压条与母树切断，冬季就可用这些切取的植株造林。这种方法宜在农村庭院进行，效果良好，大面积进行不利于行间种植、操作等，繁殖系数不高。

五、嫁接繁殖

用良种植株的枝条或芽作接穗，实生苗作砧木，可以大量繁育遗传品质好的良种苗木，是实现杜仲栽培良种化的必由之路。

用2年生苗作本、选优良母本树上1年生作接穗、于早春切接于砧木上，成活率可达90%以上。经过嫁接的良种植株与实生单株相比，主要有保持良种优良性状，提高产皮、产叶量，促进提前结实，高接换优、加快优良品种的繁殖速度等优点。

（一）砧木选择

母株应选择树皮厚而光滑、树叶深绿肥厚、叶面积大、节间短、长势强健、抗性强、无病虫害的植株。

（二）接穗（芽）的选择、采集与保存

目前我国通过鉴定的杜仲优良品种中，华仲1~9号、秦仲1~4号均可作为接穗的主要选择材料。采穗时可根据不同经营目的，如果建立良种果园（种子园），接穗应选择树外围生长正常、芽体饱满、无病虫害的1年生枝；如果建立以产皮、产叶为目的的速生丰产林，则剪取树冠中、下部充实的1年生直立枝条作接穗。

1. 接穗（芽）的选择

用于嫁接的接穗（芽），必须从良种植株上采集。良种的类型要依所发展杜仲丰产林的经营目的而定，即不同的经营目的，要选择相对应的良种。一般应采取幼龄树或壮龄树上生长健壮、芽体饱满、无病虫害的直立1年生枝条作接穗。如营造良种种子丰产园，则应从已开始结果的树上采集接穗，以利于提前结果。

2. 接穗(芽)的采集

采集接穗应在每天早晨或傍晚进行，避开炎热的中午，以防接穗采下后大量失水。如夏秋季进行嫩枝嫁接，应随采随接，采下后立即用湿布包好，或随时把接穗基部浸在清水中，并放在阴凉处，以防失水。如春季嫁接，可在树木发芽前 15 天左右采穗。采下的穗条应妥善保存。

3. 接穗(芽)的保存

接穗采下后 3 天内不能嫁接，应将接穗妥善保存。生产上多采取以下 3 种方法进行临时保存。

(1)水井悬挂保存法

将接穗捆成捆，用湿布包好(露出两头)，放在筐内，用绳子捆好，放入井内水面以上。此方法可安全保存 5~10 天。

(2)沙埋法

春天将接穗放在室内通风处，上用湿河沙埋好，让接穗与湿沙充分接触，并保持河沙湿度。此法可安全保存 6~10 天。

(3)冰箱或冷库保管法

把捆好的接穗放入冰箱或冷库进行低温保管，温度控制在 3~5℃，一般可安全保存 15~20 天。

(三)嫁接时间

杜仲苗的嫁接时期分春季嫁接和夏秋季嫁接。春季嫁接时间因各地气候条件的差异而不同，一般在芽开始萌动时就可嫁接。夏秋季为杜仲嫁接的主要时期。根据砧木生长和穗条成熟情况。5 月上中旬当年生枝条达半木质化以上、砧木粗度达到 0.6 厘米(地上 5 厘米处)以上即可进行嫁接。以下午、傍晚较好，应避开雨天，以防雨水进入接口影响愈合。大田嫁接采用同砧不同接穗时，应及时标明所接品种，并做好书面记录，严防品种混淆。

(四)嫁接方法

目前，杜仲嫁接的主要方法有：带木质嵌芽接、带木质芽片贴接、方块芽接、“¬ ”形芽接、切接、插皮接和劈接等。

1. 带木质嵌芽接

带木质嵌芽接可在春、夏、秋多季节嫁接，方法简单、易掌握，嫁接成活率高，为生产上最普遍采用的一种嫁接方法。

带木质嵌芽接的主要技术环节如下。

①嫁接前4~5天将苗圃地浇透水1次。

②嫁接时首先在接穗上削取一盾形芽片，厚2~3毫米，然后在砧木上削取同样大小的盾片，砧木的切削位置在地上部5厘米左右，选择砧木光滑一面切削。最后将接穗芽片插在削掉的砧木盾片处。应该注意的是，芽片削取要大，芽片长3厘米左右，其中芽下1厘米，芽上2厘米。砧木和接穗形成层要对好，然后用保湿性能好的塑料条进行包扎，接芽可露，也可不露。

③杜仲在春季至7月底以前嫁接的，解绑可根据接芽萌动情况进行逐渐解绑或全部解绑。一般接后7天在接芽以上2厘米处剪砧。接后10天芽开始萌动，这时先将芽上部包扎的薄膜用刀片划开，使芽抽枝生长1个月后全部解绑。8月以后嫁接的，接芽当年不萌动，最好在翌年春季树木萌动前半个月进行剪砧，剪砧位置在接芽以上2厘米左右。接芽开始萌动后解绑。

④接芽萌动后要及时抹去砧木上的其他萌条。注意，部分接芽会出现芽片成活，但主芽脱落的情况，只要加强抹芽，大部分芽片上的副芽能够萌发1或2个芽，不影响嫁接效果。

掌握好以上关键技术，嫁接成活率可大大提高。

2. 带木质芽片贴接

春季和夏秋季均可嫁接，适合在较大砧木上应用。这种方法愈合速度快，愈合好，成活率高。具体操作方法如下。

①削接芽。先在接芽下1.5厘米处自下向上，紧贴皮层由浅到深，略带木质，推刀到芽基上端1.5厘米处。削下的芽片呈梭形。推削时宜先轻、中重、后轻，即在芽片两端推刀轻，在芽基部位用刀重，带上芽眼，芽基处的厚度约1.5毫米。

②削砧木。在砧木嫁接部位光滑面也从下向上削去一片砧皮，

其形状、大小和梭形芽片相当，削面要光滑，深度达木质部。

③贴芽片、包扎。削好砧木后，立即把梭形芽片下端与砧木下削口对齐，同时使芽片一侧边缘与砧木削皮的同侧边缘的形成层对齐；最后用1厘米左右宽的塑料条自下而上将接芽包扎好，接芽可露可不露。包扎过程中按紧芽片，勿使芽片错位。

3. 方块芽接

方块芽接在夏秋季树液流动旺盛期应用，必须以砧穗离皮为前提。该方法芽片愈合面大，嫁接成活率高，可达95%以上，唯芽片削取要求较高，嫁接速度较慢。嫁接时，要选择砧木嫁接部位平滑面，将砧木嫁接部位与接穗取芽的部位对齐，用芽接刀或特制刀片同时在砧木和接穗芽上下各划一线痕，长约2厘米，接芽上、下各1厘米。然后按划定长度分别在砧木和接穗上、下方和两侧各切1刀成方块状，剥去砧木切削部位的树皮，再轻轻剥下接芽芽片，并迅速镶入砧木切口，使芽片下方和一侧与砧木切口对应部位贴紧，用塑料条包扎好即可。杜仲方块芽接的关键技术是，在剥取芽片时要谨慎小心，避免杜仲芽的生长点被剥掉，造成嫁接失败。

4.“┐”形芽接

在树液流动旺盛砧穗离皮时进行。嫁接时先在砧木上横切一刀，宽0.6~1.0厘米，再从横刀口一侧纵切，长2厘米左右，上部与横刀相接。然后在选好的接芽上端0.5厘米处和一侧也同样各切1刀，长度与砧木相当，深度达木质部。再在芽下处由浅入深向上推刀，深达木质部。当纵刀口和横刀口相交时，用手捏住芽柄一掰，即可取出三角形芽片。将芽片小端随刀口斜插入砧木皮层，使芽片上端切口与砧木横切口对接好，削掉砧木皮层盖住芽体的部分，用塑料条从芽下部绑到横切口上方，注意叶柄宜露在外面。

5. 切　接

只在春季嫁接时应用，适于粗度1厘米以上的砧木。切接时将砧木距地面5厘米左右剪断，选光滑平整的一侧。从断面1/3处用刀垂直切下，长3厘米左右。将选好的接穗，正面削一长削面，长

度与砧木劈口相当，背面再削一马耳形小削面长 0.5～1 厘米；然后接穗留 2～3 个芽剪断，将大削面向里，贴砧木切口插下，使砧木与接穗形成层对准，用塑料条绑紧。用湿土埋一高出接穗顶端 1 厘米左右的土堆。当接穗成活长出 10 厘米左右新梢时，解除包扎塑料条。嫁接后也可采用套塑料袋方法；萌条成活后，及时去袋、解绑。用切接法嫁接成活率可达到 70%。

6. 插皮接

常用于春季嫁接，要求砧木已离皮。先选好需要嫁接的部位。在光滑平直处将砧木剪断，然后将接穗预留芽的同侧削一马耳形的大削面，长 3～4 厘米，再将马耳形削面端部的背面削 1 刀。在砧木光滑面一侧用刀纵割 1 刀，深达木质部，长 2～3 厘米，同时用刀轻挑两边皮层，将接穗长削面向里，顺裂开的皮层慢慢插入，接穗削面上部留 0.3 厘米，这样有利于愈合并形成平滑的接口部位。插接后，用塑料条绑好接口和砧木断面，预防失水进风，影响成活率。用此法嫁接成活率可达 84.6%。

7. 劈　接

一般在春季杜仲萌动前进行。嫁接时选择地径 1 厘米以上的砧木，在离地面 5～10 厘米处剪断砧木，从砧面中间垂直向下劈一长 4～5 厘米的切口。然后将接穗两面分别削成同等的两个斜面。其中一侧稍薄，斜面长 4～5 厘米，开砧木切口，将插穗插入切口，使砧木与接穗的形成层对齐，“留白”2～3 厘米。绑扎方法同插皮接，劈接嫁接成活率达到 70%。

六、高接换优技术

对于已经建园的杜仲基地可以采用高接换优技术建立良种种子园。一般选地势平缓、土层深厚、灌溉条件良好，但是杜仲产量一般密度为 2 米 ×3 米至 3 米 ×4 米的杜仲林进行。砧木一般选择树龄在 10 年以下，胸径 15 厘米左右的树体作为砧木，采用带木质嵌芽接或者带木质芽片贴接等方法，选择的接穗一般为高产的优良品种，如‘华仲3号’‘华仲2号’可以作为雌株，授粉雄株则可以选择‘华仲5号’和‘华仲1号’。

(一)接穗的采集

选择接受阳光充足、腋芽芽体饱满、无病虫害、枝条直径与嫁接砧木匹配，通常直径约0.5厘米(筷子粗细)，位于树冠上部外围的枝条作为接穗。夏季晴天白天气温高、湿度小，接穗采集应尽量避开太阳光较强的时段，尽量选择在早上10:00前或下午16:00后光照较弱的时间进行采集为宜，也可以选择在阴天进行，但要避开下雨时采集。冬季气温低、露点温度低、湿度大，适合作为采穗季节，但应避开极端低温和降雨、降雪等恶劣天气，一般在土壤封冻前完成采集。

(二)嫁接时间

除冬季外，杜仲在春季、夏季、秋季均可采用带木质嵌芽接的嫁接方法培育良种苗木。早春和秋季气温不稳定，应注意嫁接时间。春季在砧木开始萌动而接穗不萌芽为好，北方秋季嫁接应注意嫁接最迟时间，在黄河中下游一般不迟于9月中旬；而夏季气温高，伤口愈合快，嫁接有效时间长，嫁接成活率高，是生产上普遍采用的培育良种苗木的嫁接方法。

(三)嫁接部位

嫁接部位在新梢离树桩10厘米处，嫁接时根据萌条分布情况在上方或者侧方嫁接，调整水平分布角度，每个枝条嫁接1~2个芽，嫁接7~10天后在芽片以上1厘米处剪去砧条，15天后先将芽片的接芽以上部分解绑，当芽萌条达到15厘米左右时全部解绑。

高接换优的优点是适应于已建基地的改良，且接种早于苗木移栽建园，能很快获得良种进行繁殖。

第五章 杜仲园建立技术

一、建　园

(一)苗圃地的选择

杜仲系喜光性树种，幼苗期易受病害感染。育苗地宜选在地势向阳，排灌方便，土质肥沃、疏松，土壤以微酸性至中性或微碱性的壤土均可。耕地前施入有机肥和磷肥。进行土壤消毒，然后作高床育苗。在气候干燥的地方可作低床。

圃地应选择地势平坦，背风向阳，光照充足，灌溉排水方便，土壤疏松肥沃，有机质含量丰富，pH 值 6.0~7.5 的壤土或沙壤土，且无育苗史的地块。南方及北方平原地区，不宜选在易积水的地方，地下水位宜在 5 米以上。由于黏土的通气、透水性差，结构坚实，不利于杜仲发芽后子叶出土，故应避开土壤质地黏重的黏土及重黏土。沙土虽通气透水有利于幼苗出土，但保肥、保水能力差，土壤综合肥力低，不利于培育壮苗。沙土可以通过改良，使用有机肥、拌入黑土和腐殖质等提高沙土肥力的方法来育苗。杜仲在微酸性至微碱性土壤中均能生长，土壤酸碱度以 pH 值 5.0~8.5 为宜，南方育苗时应避开结构不良的酸性土壤。

冬季在土壤冻前深耕 40~50 厘米。播种或扦插前半个月进行细致整地，施足基肥，每亩施饼肥 150 千克，厩肥 1500 千克，同时撒入 10~20 千克硫酸亚铁进行消毒，将土地整平耙细。

育苗地前茬不宜为蔬菜、西瓜、红薯、花生及牡丹等病虫害严重的植物；尤其是前茬为栽种牡丹的地块，金龟子往往对杜仲苗木产生严重危害，一般育苗地前作物宜为玉米、小麦、谷子、大豆等。育苗地不宜重茬，实行轮作制度。重茬地育苗明显降低种子发芽率，降低苗木树高及地径生长量，并大大提高苗木根腐病的发病率。

（二）造林地的选择

杜仲基地的选址应该以现有杜仲的资源分布情况为参照，根据杜仲对温度、光照、水分、土壤、地形海拔的要求，以及基地的选址原则和要求等进行选址。

杜仲对温度的适应幅度较宽，耐寒，在年均温9~20℃，最高气温44℃，最低气温－33℃的条件下均能正常生长，但是冬季最低气温应在0℃以下，以保障杜仲的低温休眠，这对杜仲的生长有利，也能防治病虫害，因此两广地区的大部分地方及其以南的地区不适宜种植杜仲。杜仲耐旱能力和耐水湿的特性都比较强，一般情况下自然降水能满足杜仲的生长。杜仲为喜强光照树种，耐阴性比较差。杜仲对土壤适应性很强，酸性土壤和钙质土壤均能生长，在沙质壤土和砾质壤土中生长较好，在黏重、透气性较差的土壤中生长不良。杜仲对地形和海拔也有广泛的适应性，在25~2500米的平原、丘陵、台地、盆地、高原和山地等均能生长，但是以100~1500米海拔处的生长势最佳。全国大部分地区可以引种，但是两广及其以南冬季最低气温0℃以上的地区不宜种植。

杜仲可零星或者成片栽植，零星种植一般是在屋前屋后、路旁等地方。成片营造树林，要求土层深厚、疏松肥沃，土壤酸性、中性或微碱性，排水良好、阳光充足的缓坡，海拔在100~1500米之间。低洼涝地不适宜种植。定植前对土地进行清理，除去杂草、灌木及石块等杂物。成片造林还要修建道路，安装灌溉系统，挖排水沟，修建蓄水池，周边营建防护林等。最后深翻土壤，施足底肥备用。

（三）整地施肥

我国杜仲的主要产区多分布在丘陵、山区，平原区一般在河荒地较多。丘陵、山区地形复杂，土层薄、肥力较差，河滩荒地养分

差，加之管理水平低，造成各产区低产园普遍存在，严重影响杜仲的生产发展水平。为了从根本上改变杜仲营养状况差的局面，必须及时进行土地平整和土壤改良。根据不同的立地条件采取相应的改良措施。

整地方式应根据地形条件而定。在平地上可进行全面整地；丘陵和山地宜进行带状整地，整地带宽应因地制宜，以保土、保水、保肥为目的。如山地带状规格可为60～80厘米宽，25～50厘米深，并将表土和底土对换。整地后要施足底肥，每公顷施农家肥60～75吨加饼肥1.5吨，复合肥0.45吨加饼肥1.5吨。

荒山荒地造林，定植前必须对造林地进行砍山炼山和全面翻土，而后将道路、防火带规划出来，并按株行距定点挖穴。穴宽80厘米、深30厘米，每穴施放厩肥、饼肥、堆肥、火土灰等作基肥。根据湖南经验，在酸性红壤上定植杜仲，每穴施饼肥0.2千克、骨粉0.2千克、石灰0.1千克、火土灰及垃圾肥2.5千克，杜仲枝叶繁茂，生长旺盛，定植当年平均高生长1.5米，比对照提高50%生长量。贵州遵义杜仲林场在酸性黄壤造林地上，每穴施饼肥0.2千克、火土灰5千克，杜仲生长亦同样取得良好效果。

(四)河滩荒地及盐碱地

河滩荒地应以客土换沙，增加细土、壤土，下层如有黏土，可进行深翻改土或引洪积淤。盐碱地杜仲园，可采取灌水“压盐”、加设“排水洗盐”及修筑台田等措施，降低土壤含盐量。还可采取深翻晒垡、熟化土壤、增施农家肥、加施黑矾等降低土壤酸碱度。

二、栽　植

(一)苗木规格

目前，全国杜仲生产水平较低，表现在育苗质量差、造林苗木规格小。尤其在一些老产区，每公顷产苗量达45万~75万株，个别地区达到150万株以上，造成苗木细弱，造林后植株生长缓慢，各产区“小老树”现象十分普遍。因此，提高造林苗木质量是实现杜仲优质丰产的前提。

新建的杜仲基地可以从湖南慈利、贵州遵义、陕西宁强和略阳以及湖北巴东等原始种区引种，也可以根据当地基地的定位、土壤和生态环境的特点、发展需求，从上述选育出来的优良品种中进行选择。

据杜仲生产实际状况和经营类型，提出不同造林苗木规格，供各地参考(表5-1、表5-2)。

表5-1　杜仲实生苗1年生规格

规格	苗高	地径	备注
Ⅰ级苗	≥70厘米	≥0.8厘米	
Ⅱ级苗	40~69厘米	0.4~0.79厘米	
Ⅲ级苗	≤39厘米		当年不能用来造林

表5-2　杜仲不同造林苗木规格

类型	规格	苗高	地径	备注
山地造林	1年生苗	≥80厘米	≥0.7厘米	100厘米以上苗木占80%
浅山区及平原区	1年生苗	≥100厘米	≥0.9厘米	
	2年生苗	≥150厘米	≥1.3厘米	200厘米以上的苗木占50%
农田林网	2年生苗（含嫁接苗）	≥180厘米	≥1.7厘米	200厘米以上的苗木占80%
果园用	2年生嫁接苗	120~150厘米	1.2厘米	70~100厘米处有6~8个饱满芽

(二)栽植技术

1. 栽植密度

杜仲栽植密度应根据经营目的，作业方式及立地条件来确定。乔林作业、头林作业、杜仲果园、采穗圃等宜采用2米×2米、2米×3米或3米×4米的株行距；矮林作业要求集约化程度较高，多在平原或浅山区立地条件较好的地方进行，目的是获得早期丰产，提早收益，初植密度较大，1米×1米至1米×2米，每公顷栽

5000~10000 株。河南省部分产区采用 0.7 米 ×0.7 米的密度，主要以生产工具把柄和采叶为主。由于杜仲喜光、密度过大，易郁闭，并且行间小、操作不方便。为此，洛阳林业科学研究所于 1989 年开始，经科学改进，采用宽、窄行带状栽植方式，宽行 1.5~3 米，窄行 0.5 米，株距 1 米、三角定植、每公顷栽 5800~10000 株。林地郁闭后，逐步间伐，最终密度每公顷 830~1650 株。杜仲茶园式经营采用行距 3 米、穴距 2 米，每穴呈五星状栽植 5 株，每公顷栽 8300 株；胶用采叶林还可采用每公顷栽 20000~60000 株的密度，每年剪条采叶。另外，在田埂地边可栽植株距 2 米，密度不等的杜仲园。平原区还可营造经济型杜仲防护林带，行距 2~3 米，株距 2~4 米，初植林网密度视各地具体情况，一般每公顷 120~180 株。带间距离采用 50~100 米不等，以后根据林带杜仲生长情况、隔带间伐，最终形成带距 100~200 米的林网密度。

2. 栽植季节

杜仲的栽植季节主要是春季和秋季，栽植时间宜早不宜迟，一般在发芽前或者落叶后进行栽植。春季栽植，南方在 2 月底前完成，北方在 3 月底前完成；而秋季栽植的时间在 11 月上旬到中旬。一般情况下建议秋季栽植，因为秋季栽植，经过秋、冬两季，幼苗的根系与土壤已相互适应，根系受伤部分也基本愈合，来年春季能及时萌发新根，根系的吸收能力也基本恢复，能保证足够的水分和营养供给新芽萌发，能大大提高成活率。

杜仲的栽植时间应根据各地区气候条件和当时的土壤水分状况而定。长江以南各产区，一般冬季土壤不上冻，栽植时间从杜仲落叶后至春季萌动期间的整个休眠期都可以。而秋栽的苗木经过冬季根系的活动，断根伤口愈合早，春季萌动后植株生长旺盛，缓苗期短。

黄河中下游一带，可在秋末冬初和春季栽植。该地区秋冬季节雨雪少，有灌溉条件的地块或墒情较好的年份，最好在秋末造林。栽植时间在霜降过后至土壤封冻前，约在 10 月下旬至 12 月上旬，由于这段时间较短，有时易受寒流影响提前封冻，造林工作应抓紧。无灌溉条件而土壤又干燥的地区，在春季土壤解冻后进行造林。春、秋季栽植的成活率无明显差别，正常情况下都能达到98%以上。

北京以北地区，冬季寒冷、干燥、多风，而且初冬土壤上冻早，基本不具备秋末造林的条件，有时勉强栽植，冬季会出现抽条等现象，造林成活率较低。因此该类型地区宜在春季造林，栽植时间在土壤解冻后进行，造林截止时间在芽萌动时，一般在 4 月 5 日至 5 月 1 日。

3. 栽植方法

栽植前将混好肥料的表土大部分填入沟、穴内，填土高度以距离地面 5 厘米为宜，沟、穴中间稍高，呈丘状或埂状。有水利条件的地块在栽植前 1 周将整好的园地浇 1 遍水，落实栽植沟、穴。栽植时将苗木放于栽植沟或栽植穴中间，纵横对直。如果是嫁接苗，要尽量使嫁接口对准主风方向，舒展根系，使其均匀分布于四周，将剩余的混合土轻轻从上向下撒在根上，边填土，边提苗、边踏实，使根系与土壤密接，最后将周围表土填入沟穴内，直到高出地面一些。应掌握苗木入土深度，一般和苗圃地相当，不可过深。栽植过深苗木生长不良，如江西省宁岗县栽植的部分杜仲，3 年生苗木树高不足 1 米，除管理因素外，栽植过深也是造成幼树生长不良的主要原因。栽植后应及时浇透水 1 次扶正苗干。

旱地栽植，可采取随挖沟、穴，随栽的办法。秋末或早春，在土壤墒情较好时栽植。栽植后在苗干四周作半径 50 厘米左右的蓄水埂，尽可能用人工担水浇苗。旱地建园时，只要栽植后土壤摘情较好，成活率也可达95% 以上。在多风、干旱地区，可采用深挖浅埋法。栽植后定植穴填土到离地面 20 厘米处。这样既不影响幼树生长，又有利于蓄积雨雪，同时在距坑沿 15 厘米左右的西北面，修挡风埂，可显著提高坑内土温，有利于幼树生长，减少抽条等危害。

在盐碱地，可采用低畦高埂栽植法。把树栽在高埂低畦内，低畦内保持土壤疏松，畦埂要踏实。也可使定植穴埋土稍低于地面，

并保持穴内土壤疏松，穴沿踏实并筑土埂。

营建杜仲果园、种子园、采穗圃等，可采用砧木建园法。定植点先栽植砧木苗，苗木大小可以是 1 年生苗，也可以是 2～3 年生大苗。采用定植砧木就地嫁接的方法，嫁接后萌条生长快，缓苗期短，树冠成形早，成本较低。但需加强嫁接后的各项管理，保证接芽成活，避免机械损伤。

4. 抚育管理

(1) 春施肥

施肥对杜仲速生丰产有着明显的效果。定植后第一年在萌发后，每亩用熟腐人畜粪尿 300～400 千克或尿素 3～4 千克兑水穴施。以后每年春季最好施 1 次肥效较长的复合肥(饼肥 + 有机肥)，而且随着树龄的增长逐渐增加施用量，一般每株施复合肥 120～200 克、饼肥 200～400 克、厩肥等 10 千克。

(2) 夏除草

中耕除草可使土壤疏松，既增加水分含蓄量，又使通气良好，可促进根系生长和增强根的吸收能力，从而加速杜仲的生长。在杜仲栽植后 3～4 年内，每年应进行 2 次中耕除草。一般于 4 月上旬结合施肥进行第一次中耕除草，5～7 月为生长高峰期，可于 5～6 月上旬进行第二次中耕除草。

(3) 冬培土

10 月底以后气温下降，杜仲苗停止生长，这时进行松土，培土，铺上落叶、杂草适量，既可保温防冻，又增添了有机肥。

(4) 以耕代抚

杜仲定植后 4～5 年内，树苗尚小，于幼林之间间种矮小作物，不仅可充分利用土地，增加收入，同时还达到了抚育幼林的目的，是一种很好的生态农业模式。开垦的荒山、荒地应与种草、种药相结合，幼林地可以割草养地，成树林也可以放牧。海拔 1200 米以上的山地杜仲林，可间种黄连、独活等草本药材；熟地上的杜仲林，可套种豆类、薯类、蔬菜等矮秆和匍匐作物。

三、整形修剪

我国现有杜仲树，基本上处于低水平的粗放管理状态。多数产区对杜仲采用普通用材林的管理方式，重栽轻管的现象十分普遍，其中对整形修剪技术的掌握与应用尤为欠缺，树体放任生长，这也是造成个别产区杜仲“小老树”的直接原因之一。近几年国内研究与生产实践表明，根据经营目的和杜仲的生长习性进行合理的整形修剪，是实现杜仲优质丰产的重要技术措施之一。

自然生长的木本药用植物，会由于生长不平衡，冠幅较宽枝条密生、无序而郁闭。影响通风透光，降低光合作用，易受到病虫害的危害，造成生长和结果难以平衡，从而出现结果大小年的现象，而且还降低花、果、种子的入药产量和品质。下面分别对以采皮、采叶、采果实为主的杜仲林的修剪进行介绍。

(一)以采皮为主，兼采其他药用部位杜仲的修剪

以采皮为主，兼用其他药用部位的杜仲，主要是培养一个健壮、笔直的主干，在前面10年左右可以适当采叶、雄花或者果实。以采皮为主杜仲的修剪分为三个阶段。

1. 栽植后1~2年的修剪

主要工作是平茬。平茬相对较为简单，但是对后续树体的生长很关键。第一阶段平茬又分两种情况。

一是在土地肥沃、水源充足的基地，于栽植后到春季萌发前，在苗木离地面2~3厘米处剪掉苗木，即平茬。待春季萌发新芽后，留一个生长最旺盛的新芽作为主干，其他的全部抹去，新芽生长过程中抽生部分新枝也不要留，都及时抹去，促进主干生长。平茬当年苗高2.5米以上。第二年春季主干上萌发的新芽应及时将其1/3以下的芽抹掉，并减掉生长势强于主干的枝条，春夏旺盛生长时期及时疏剪过密的新芽和枝条。二是对于土地贫瘠、雨水不充足、灌溉条件一般的基地，可在栽植第二年平茬。栽植当年应对所有定植苗木进行剪梢，剪梢长度20厘米左右，以促发萌条。待萌条生长至

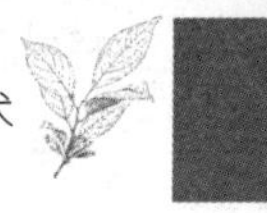

50厘米以上时，及时摘心控制萌条生长，促使主干增粗。一般是栽植后第二年苗木茎粗2.0~2.5厘米时，幼树在秋季落叶后至春季萌芽前10天进行平茬，在地面2~4厘米以上进行平茬。平茬后苗桩会抽生5~10多个萌条，萌条生长旺盛，叶腋内会抽生许多小枝，也应及时抹去。其他管理参照第一种情况。平茬要注意的是，剪口部位不宜过低，低于原苗木根茎部以下，皮部很难萌生不定芽，这部分幼树一般在剪口处形成愈伤组织，再从愈伤组织上萌发芽体。这种类型的萌芽形成时间比正常萌芽迟30~40天，当年生长量较小，苗高比正常平茬苗低一半左右，仅1.4~1.7米，不利于主干的培养。

2. 第3~5年幼树的修剪

以疏枝和抹芽为主。每年秋季落叶后至萌芽前，将主干下部枝条逐个疏除，疏枝后主干高度控制在树高的1/3~1/2，因此1/2以下的新芽应及时抹去，1/2以上的过密枝条、生长旺盛的竞争枝同时疏除，但注意每次枝条疏除不宜过大，以不超过总枝量的，长势过强的枝条疏除20%为度。一次不宜疏除太多，否则降低光合作用，影响树体生长。主干以上的枝条留生长势强的。对主干当年生萌条长势较弱的，采取中短截，并及时抹去新萌发的芽，促进其枝干增粗，使整个树体生长健壮。夏季对主干分枝以下的萌芽要及时抹去，对疏枝后剪口处萌发的幼芽也应抹去。若采用平茬技术并配合其他技术修剪，可使杜仲树生长发育良好，而只采取修枝措施的，其生长不如前者。采用平茬技术，5年后的树高可达6米以上，胸径8厘米以上，而不采取措施的树高约为4.3米，胸径为7.4厘米。

3. 6年生以上杜仲树的修剪

6年生以上杜仲树主干高、树形都基本固定。这一阶段修剪量较小，除每年冬季疏除少量多余枝条外，主要以短截为主。经过前几年的修剪，杜仲的主干和树形已基本固定，杜仲的生长也逐渐变缓慢，特别是树高生长明显不如前几年，因此6年以后的修剪量相对较小。主要是冬季对于中下部过密、生长竞争较强的枝条进行短截，通过短截梢部萌条，增强树冠顶部生长势，改善郁闭现象，增加光合作用，可促进高生长。同时，对树冠中下部枝条适当短截，保持整个树体长势，促进胸径生长，从而提高产皮量。对于进入成熟龄的杜仲树(10~25 年)，以及老龄杜仲树，可以开始采皮，适当短截的同时，重点是疏除病虫枝、干枯枝、回缩衰弱枝组，以改善光照条件；短截中上部枝条，调整树体长势，保证叶片质量，保持树体活力。

(二)以采叶为主杜仲的修剪

以采叶为主的杜仲林，为了便于采收和增加产量，一般为低干型或无主干型。单株树形采用圆柱形或圆锥形，大密度栽植呈圆球形或篱带状。不论何种栽植方式，栽植后都进行平茬。主干高为30~100 厘米，树高 2.0~2.5 米，平茬后萌芽数为 5~15 个不等。

杜仲采叶林不宜不修剪只采叶，这样会造成树体长势弱，发芽慢，产叶量降低，甚至不及秋季一次性采叶效果好。不同措施的采叶对树体生长均有影响，不修剪采叶的更为明显。在生产上宜采用短截的方法采收树叶。具体方法是应在生长季节进行多次修剪结合采叶，5、7、10 月每次将所有萌条留 3~5 厘米重短截，促发新萌条，保留 5~6 个健壮芽长成枝条。在短截的枝条上采叶，一般每年修剪结合采叶 2~3 次。最后一次采叶在霜降以后，将树体上面的叶片全部采摘；胶用杜仲采叶园，每年 10 月中下旬短截采叶 1 次。

(三)良种果园的整形修剪技术

杜仲果园主要的丰产树形为自然开心形和自然圆头形，树高控制在 2.5~3 米。

1. 幼树和初开花、结果树的整形修剪

这一时期是指 1~5 年生幼树，修剪的主要任务是培养合理牢固的骨架，促进树冠快速成型，同时采取有效措施，促使提早结果，并给盛果期丰产打好基础。其修剪措施主要是培养骨架、夏剪及结果枝组的培养等。

(1)骨干枝的培养

定植后的幼树，一般在定干部位以下 20~30 厘米范围能萌发4~

6 个枝条。新栽苗当年缓苗期较长，生长量小，夏季选择分布均匀的 3~4 个枝条，逐步向下拉枝，使之与主干呈 70°~90°角。冬季，对达到 3~4 个合理枝的幼树，将分布均匀的 3~4 个分枝短截 20 厘米左右，其余枝条疏除，促进萌条。对枝条不够，或分布不合理的单株，所有枝条靠基部剪除，促发萌条。当新梢长达 80~100 厘米时逐步拉枝。第二年冬季，对培养的主枝拉开角度 80°~90°，除了过弱枝之外，一般不短截。夏季主枝背上萌发许多直立的旺梢，可拿枝、疏除、摘心，疏除量不宜超过新梢数量的 30%。第三年冬季主枝骨架已基本形成，杜仲幼树整形以疏枝、摘心、拿枝为主，由于杜仲树势旺，萌芽抽枝力强，所以只宜少短截，多拉枝。

(2)夏季修剪

杜仲幼树枝条生长旺盛，分枝多，树冠扩大较快，应及时采取生长季节的修剪，促使早结果、多结果、早丰产。生长季节主要采取拿枝、开张角度以及环剥、环割等措施。

①拿枝。对背枝及影响骨架生长的所有枝条，采用拿枝的手法，促使开花结果。操作时应注意，杜仲幼嫩枝条较脆、易断裂，拿枝时要小心谨慎，宜从枝条基部开始拿枝，可减少枝条断裂。拿枝时间为 6~7 月。

②主干、主枝环剥与环割。环剥与环割是促进杜仲花芽形成、提早结果的有效措施。环割是将主干、主枝用嫁接刀或环割刀环状割伤 2~3 圈，刀口间距离 2 毫米左右，深达木质部。据洛阳林科所试验，环剥与环割后的植株，生长势受到控制，能够有效地防止枝条徒长，促进花芽形成效果十分明显。高接后通过环剥或环割措施，接后 300 天处理植株全部开花结果。而未进行环剥或环割的植株第三年才开花结果。环剥或环割时间一般在 5 月中旬至 7 月下旬进行。环剥宽度根据环剥后的保护措施而定，如环剥后是否包扎剥口以及主干和主枝粗度，环剥宽度可为枝干粗的 1/4~1/3。如环剥后增加保护措施，用塑料薄膜或布包扎环剥口；如环剥后剥面裸露不包扎，环剥口宽度为枝干粗的 1/10~1/8，但最宽不能超过 2 厘米。环割处

理是将主干主枝用嫁接刀或环割刀环状割伤3~4圈，刀口深2米左右，深达木质部。

③摘心、抹芽。摘心对抑制旺枝生长、增加枝的级次和促花均有一定效果。一般是一年摘心1~2次，当新梢长至30厘米左右时摘去顶梢3~5厘米。摘心主要部位：幼树、旺树骨干枝的延长梢；主侧枝的背上枝，秋梢嫩尖。对内膛、主干第一分枝以下等处萌发的幼芽，要及时抹去。

2. 结果枝组的培养

杜仲结果部位在当年生枝条的基部，因此，培养形成1年生枝越多，丰产的可能性越大。杜仲1年生枝条萌芽抽枝力可达80%以上，不采取任何修剪措施就可抽生大量1年生枝，将这些枝条合理分配好空间是保证多结果的前提。这些枝条要多而不密，充分受光，因此对重叠枝、幼弱枝、过密枝、严重影响光照的背上枝及时疏除。其余枝条可通过拿枝、轻短截等来改变角度，调整营养空间，使枝组分布较合理，有比较均匀的光照条件。根据具体情况，枝组可培养成长筒形或扁平扇状。

3. 盛果期的修剪

经过嫁接的杜仲树，6年生以后进入盛果期。杜仲盛果期修剪的主要任务是：改善树冠透光条件，枝组的培养、固定和更新，尽量克服大小年结果现象，力争优质、高产、稳产。随着树龄增加，分枝量迅速增多，这时往往会形成枝条过密，影响通风透光条件，所以盛果期要特别注意疏除过密枝条、重叠枝条，严重影响光照的背上枝或拉平改造或疏除，盛果期树除较弱枝组外，应少短截。杜仲树如果不注意控制果量，很容易形成大小年结果现象，为了克服大小年现象，应在大年时减少坐果量，节约树体营养，并在大年的5月下旬至7月中旬对主干、主枝进行环剥，促进花芽形成。杜仲的大小年结果仅靠修剪不能完全克服，还需加强土、肥、水管理。

(四)以采雄花为主杜仲的修剪

1. 杜仲雄花采集与修剪的特点

杜仲雄花茶园主要在每年春季提供杜仲雄花茶的原料。大量雄

花着生于当年萌条的基部，杜仲雄花先于叶开放或与叶同时开放，并且雄花丛紧紧与萌发的芽体抱在一起。如果只采集雄花，很容易损伤刚萌发的幼芽，严重影响植株的生长发育。雄花宜与芽体一起采集。因此，杜仲雄花的采集最好与茶园的整形修剪结合起来，将着生雄花的枝条在一定部位剪除，在修剪掉的枝条上采集雄花。

2. 杜仲雄花茶园的整形修剪技术

由于单纯地采集雄花容易伤到萌发的幼芽，从而影响树体的生长，因此雄花采集一般配合修剪进行。雄花茶园的树形根据栽植密度和管理方式等可修剪成自然圆头形、自然开心形或圆柱形。定植后或嫁接后的植株，每株留 4~6 个萌条。生长季节将所有萌条进行拉枝处理，拉枝处理后的枝条与水平面呈 20°~30°的夹角。冬季将当年萌条短截，留 1/3~1/2 培养成开花主枝。第二年春季，对主枝上萌芽抽枝长度达 30 厘米以上时，逐步将新枝条向主枝两侧拿枝。如此反复，直到雄花茶园进入盛花期。在杜仲雄花的盛花期，结合杜仲雄花的采集。开花后于每年春季，在开花枝条基部以上第 4~6 个芽处将枝条短截，对过密枝或衰弱枝从该枝条基部疏除，在剪掉的枝条上采收集雄花。

3. 环剥、环割促花技术

环剥、环割的时间是每年夏季 5 月下旬至 6 月下旬。环剥的具体方法是：①在主干、主枝上环剥长度为 5~10 厘米，环剥后在环剥部位喷施 500 毫克/千克的“杜仲增皮灵”，然后用塑料薄膜包扎，10 天后解开包扎物。②在主干、主枝上环剥长度为 0.5~1.0 厘米，在上下两刀口间留一宽 0.3~0.5 厘米的树皮带，环剥后剥面暴露。

(五)杜仲头木林整形修剪技术

头木林经营可提高杜仲早期收益，缩短杜仲经营周期，以收获药用杜仲皮为主，兼可利用木材和树叶。它的前期是以乔林方式经营的，当幼林达 5~6 年生、胸径达 6 厘米以上时，即可改为头木林经营。整形修剪主要技术：树木休眠期，在干高 2 米处截断主干。春季截口以下萌发的大量萌条长至 10 厘米时，选择其中分布均匀、靠截口10厘米范围内的粗壮萌条4~5个作为主枝培养，其余萌条抹除。主枝萌条要尽量培养成直立状，当主枝基径达5~6厘米时，轮流每年砍伐1个主枝剥皮利用，砍伐时间应在春季树液流动离皮时进行，并相应选留1个萌枝替代原主枝培养。一般25年可行主伐利用，主伐后可利用伐桩萌条培育第二代林。

第六章 杜仲园管理技术

一、田间管理

我国杜仲多栽植在山地、丘陵及河滩、沙荒地。其中山地、丘陵栽植面积占85%以上。在这些地区建园一般土层较薄、肥力低、有机质少、漏水漏肥；幼树生长严重不良，“小老树”较多。因此，必须深翻改土，熟化土壤，从根本上改良土壤结构和养分状况。

（一）深翻改土

1. 时间和深度

原则上一年四季均可进行，但以秋季深翻较好，具体时间可根据劳力情况，最好在农闲时进行。一般在9~10月，此时深翻断根恢复较快，产生新根早，有利于树体养分贮存和安全越冬。其他时间深翻可根据各地具体气候、耕作特点进行。深翻的深度视土质情况，在土质黏重、坚实、料浆和石砾较多的园地，深度80~100厘米；土质比较疏松、土壤肥沃的地块，深度50~70厘米。深翻过程中要注意尽量不伤根系，尤其0.5厘米以上的侧根，因为这些根系被破坏后恢复再生根能力较弱。

2. 方　法

(1) 扩穴深翻

为使杜仲幼树根系扩大，栽植第二年以后，逐步从定植穴、沟开始向外挖轮状沟、平行沟，直至挖通整个杜仲园为止。

(2) 株行间深翻

密植杜仲园，一般要求挖槽整地栽植，栽植后株间可不再深翻。

集中在行间靠定植边缘向行中间翻，密植杜仲园行较窄，最好一次完成深翻。行距较大的杜仲园，可分2~3年完成深翻。

(3)全园深翻

进行整个杜仲园的一次性深翻，一般应在当年一次完成，深翻土壤面积大，便于平整地面，根系损失轻，幼树园应采用此法。

深翻过程中要结合施底肥，以熟化土壤。先将不易腐烂的树枝、硬秸草等分层次施入深翻层的底部。有灌溉条件的地块深翻后应及时灌水，灌透全部深翻后踏实土层，特别在北方春季地区尤为重要。

(二)刨树盘

刨树盘是杜仲园简单易行而又有效的土壤管理方法。每年可刨2~3次。第一次在春季2~3月，北方地区在土壤解冻后进行，这时刨树盘有利于提高地温，蓄水保墒。第二次在6~7月，具体时间南方可在6月中下旬，北方地区宜在7月雨季，这时刨树盘可清除杂草，松土蓄水，还可结合追肥进行。第三次在秋后，南方在11月，北方在土壤封冻前进行，有利于熟化土壤，消灭越冬病虫害，这时刨树盘可结合消除园内枯枝、病虫枝进行。刨树盘范围应比树冠垂直投影稍大。深度以不伤或少伤杜仲根系为度，一般约20厘米深。

(三)间　作

杜仲园在幼树期，园内空地较多，在行间合理间种农作物既能充分利用土地，增加早期收入，又可以耕代抚，使行间得到相应的管理，提高土壤肥力，促使树体生长。间作物品种要根据土壤、行间距等情况适当地选择。可选择生长周期短，与杜仲不争水、肥并能够改良土壤结构的作物，如绿豆、黄豆、黑豆等；还可种植经济价值较高的西瓜、甜瓜、蔬菜、草本药材等经济作物以及间作经济树种苗木。不可种植高秆作物。

(四)覆　盖

覆盖主要在北方地区应用，分为有机物覆盖和地膜覆盖。覆盖有机物具有扩大根系分布范围，保持土壤水分，稳定地温，防止杜仲根系受冻，增加土壤养分和保肥、保水等作用。特别在土壤贫瘠、

缺水且无灌溉条件的高寒地区，覆盖麦草、豆叶、树叶、野草等是进行采叶园经营有效的冬季保护措施。夏季和秋季均可覆盖，厚度15~20厘米，覆盖位置以树干为中心方圆1米范围内，覆盖后压上适量土，预防风刮等。杜仲园在北方地区还可采用盖地膜的方法，能起到增温、保墒、防冻的效果。常用有机覆盖物也有不足之处，如易发生火灾，常引入许多啮齿目动物会带来杂草种子，成本较高，劳动强度大等。

二、施　肥

(一)基　肥

每年秋季9~11月施肥为宜。秋季早施农家肥易分解，可在晚秋和翌年春季被杜仲吸收利用，有利于根系生长发育，促进叶的光合作用，增加有机物的贮藏积累。南方产区整个冬季都可施肥，北方产区如在土壤封冻前施不完，可在春季土壤解冻后进行，但效果不如秋施好。

基肥以农家肥、人粪尿、饼肥为主，也可施过磷酸钙、复合肥、磷酸二铵等。施肥数量根据树龄大小，造林时每公顷施农家肥45~75吨加复合肥0.75吨或磷酸二铵0.6吨。1~3年树龄，每株施农家肥5~10千克加饼肥0.25~0.5千克，或施人粪尿5千克；4~7年树龄，每株施农家肥12.5~15千克，加饼肥0.75~1千克，或人粪尿7.5千克；8年以上树龄，每株施农家肥20千克加饼肥1.5千克，或株施人粪尿10千克。不同地区可根据本地区土壤养分状况，补施有关肥料，如缺钙地可增施钙肥。土壤酸度过大时可增施石灰等调节pH值。

基肥施用方法主要有全园施肥法、放射状沟施肥法、环状沟施肥法、条状沟施肥法和穴状施肥法(图6-1)。

(1)全园施肥法

结合整地将肥料均匀施于杜仲园内，一般在密植的杜仲园、中等密度较大的园内或郁闭的成年园内应用较多。

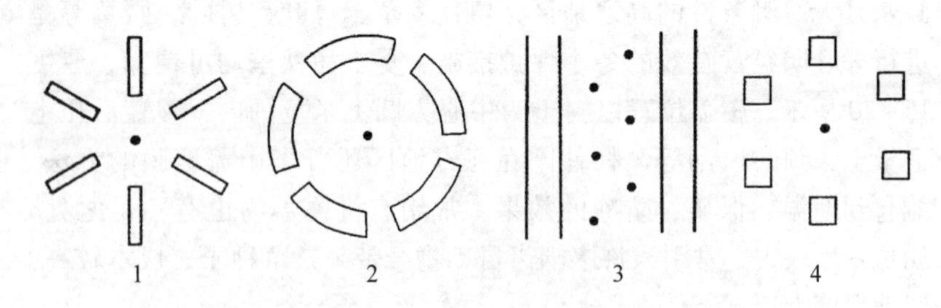

图 6-1　杜仲园施肥方法

1. 放射状沟施肥　2. 环状沟施肥　3. 条状沟施肥　4. 穴状施肥

(2) 放射状沟施肥法

以树干为中心，在树冠垂直投影四周等距离挖 4 ~ 6 条放射状沟，深度、长度根据施肥量和树冠大小而定，沟宽一般 30 ~ 40 厘米。沟的位置，自树冠垂直投影半径 1/2 处向外挖沟，一半在树冠垂直投影之下，一半在树冠垂直投影外。沟的深度 30 ~ 50 厘米，平地、地下水位浅的地方可稍浅。沟的深度自树冠垂直投影内向外逐渐加深，开沟位置逐年变换。该方法主要在大冠稀植园内应用。

(3) 环状沟施肥法

在树冠垂直投影两侧的外沿 20 ~ 30 厘米处，挖深 30 ~ 50 厘米，宽 30 ~ 40 厘米的环状沟进行施肥，这种方法适于树冠较小的幼树。沟的位置随树冠扩大而外移。

(4) 条状沟施肥法

在树冠垂直投影两侧各挖一条施肥沟，宽 20 ~ 40 厘米，深 30 ~ 40 厘米，沟的长度根据植株分布情况而定。这种方法适于在带状栽植等密植园内应用。

(5) 穴状施肥法

在树冠垂直投影外缘附近，挖 4 ~ 8 个 30 ~ 40 平方厘米的施肥穴，一般幼树 4 ~ 5 个，大树 7 ~ 8 个。

(二) 土壤追肥

生长季节对杜仲追施速效肥，能够满足其生长发育的需要，促

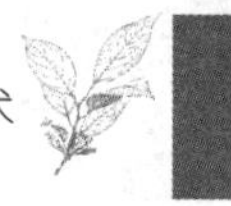

进枝叶生长和雌株开花结果。每年3月中旬、5月中旬各施一次碳酸氢铵或尿素，7月中旬和8月上旬再施过磷酸钙和氯化钾或硝酸磷和氯化钾。土壤追肥方法可参照施基肥的方法，追肥沟比基肥沟小1/2左右，深度约20厘米。追肥要注意分散施用，并与土混合均匀，防止烧根。

（三）根外追肥

根外追肥具有吸收快、用量少、利用率高等特点，可作为辅助追肥措施，增加和平衡树体营养。根外追肥主要用速效化肥如尿素、磷酸二氢钾以及、铁、锌、镁等微量元素，还可用含有各种营养成分的全营养液肥如高美施等。叶面喷肥后2~3个小时便可被叶片吸收，在沙荒地杜仲园土壤追肥、保肥效果较差，叶面喷肥效果更好。叶面喷肥时间一般在10：00前和16：00后，避免在高温下追肥从而引起药害，雨天也不宜喷肥。叶面喷肥一般6月底以前以尿素为主，7月加磷酸二氢钾，喷施浓度为0.3%~0.5%，防治各种缺素症可加入缺素肥料，浓度一般0.2%~0.5%，其他肥料施用方法可参考产品说明书进行。

三、灌　溉

根据各地气候特点、土壤墒情及不同发育期的要求，应及时灌溉。生长季节一般结合施肥、追肥后及时灌透一次水，秋末在北方区应浇一次封冻水。各地根据园地墒情适时浇水。不能浇灌的地块也可用人力畜力挑、拉水浇树。灌溉的方法主要有穴灌、沟灌、喷灌、分区灌、滴灌等。

第七章 杜仲病虫害综合防治技术

一、主要病害及防治

（一）根腐病

在贵州、湖北、河南、陕西等地均有发生，多在苗圃和5年生以下的幼树上发生，尤其是以苗圃地较普遍，严重时造成苗木成片死亡并且逐年蔓延。主要防治方法如下。

（1）加强管理

疏松土壤、及时排水，能有效预防和抵抗根腐病。长期种植蔬菜、豆类、瓜类、棉花、马铃薯的地块不宜用作杜仲苗圃地。

（2）药剂防治

发病初期，喷施50%托布津400~800倍液、80%退菌特500倍液或25%多菌灵800倍液灌根，均有良好的防病效果，幼树发病后也应及时喷药防治，已经死亡的幼苗或幼树要立即挖除烧毁，并在发病处施药杀菌。

（二）苗期猝倒病

猝倒病又称立枯病，在各产区都有不同程度的发生。该病多发生在幼苗出土后2个月内和茎部尚未木质化时期。发病初期幼苗根基部组织腐烂，呈半透明状，地上茎叶退色、萎蔫，甚至变褐色，太阳一晒，苗木干枯，故称猝倒病。它是由土壤真菌引起，如丝核菌、镰刀菌和腐霉菌等。防治方法参照根腐病防治方法。

（三）叶枯病

该病主要危害叶片。发病初期叶片出现黑褐色病斑，随后逐渐

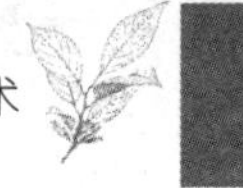

扩大，密布全叶，病斑边缘褐色，中间灰白色，有时因干枯而破裂穿孔，严重时，叶片枯死。主要防治方法如下。

(1)加强管理

冬季清除枯枝落叶，减少传染病原，发病初期及时摘除病叶。

(2)药剂防治

发病期可用50%多菌灵500倍液、75%百菌清600倍液或64%杀毒矾500倍液等交替喷施2~3次，间隔期7~10天。

(四)角斑病

该病主要危害叶片。发病初期出现不规则、褐色多角形病斑，病斑上有灰黑色霉状物。在秋季，有的病斑上长有病菌的有性孢子，呈散生颗粒状物，最后叶片变黑脱落。本病的防治关键在于加强田间管理，增施磷、钾肥，增强植株抗病力。发病初期喷施1:1:100的波尔多液，连续喷施2~3次，间隔期7~10天。

(五)褐斑病

该病主要危害叶片。发病初期出现圆形或近圆形、边缘明显的黄色至紫褐色的病斑，后期病斑中心变成灰褐色至灰黑色并生有许多小黑点，即病菌的子实体。严重时病斑连接形成大斑，致使叶片干枯脱落。主要防治方法如下。

(1)加强田间管理

秋后清除枯枝落叶，集中烧毁，减少传染病原。加强田间管理，增强树势，提高植株抗病力。

(2)药剂防治

在杜仲发芽前，用5波美度石硫合剂喷杀枯梢上的越冬病原，或喷施1:1:100波尔多液保护。发病期可用50%多菌灵可湿性粉剂500倍液、75%百菌清可湿性粉剂600倍液、64%杀毒矾可湿性粉剂500倍液、50%托布津400~600倍液、50%退菌特400~600倍液或65%代森锌600倍液交替喷施2~3次，间隔期7~10天。

(六)灰斑病

该病主要危害叶片和嫩梢。先自叶缘或叶脉发生，初呈紫褐色或淡褐色近圆形斑点，后扩大成灰色或灰白色凹凸不平的斑块，病斑上散生黑色霉点。嫩枝梢病斑黑褐色，呈椭圆形或梭形，后扩展成不规则形，后期有黑色霉点，严重时枝梢枯死。主要防治方法如下。

(1)加强管理

加强抚育管理，增强树势和植株抗病力，清除侵染源。

(2)药剂防治

杜仲发芽前，用0.3%五氯酚钠或5波美度石硫合剂喷杀枯梢上的越冬病原。发病初期，可喷洒50%托布津、50%退菌特400~600倍液或25%多菌灵1000倍液。

(七)枝枯病

病害多发生在侧枝上。先是侧枝顶梢感病，然后向枝条基部扩展。感病枝皮层坏死，由灰褐色变为红褐色，后期病部皮层下长有针头状颗粒状物，即病菌的分生孢子器。当病部发展至环形时，引起枝条枯死。

主要防治方法：促进林木生长健壮和药剂涂抹修剪伤口是防治本病的重要措施。对感病枝进行修剪，并连同健康部剪去一段，伤口可用50%退菌特可湿性粉剂200倍液喷雾，或用波尔多液涂抹剪口。发病初期可喷施65%代森锌可湿性粉剂400~500倍液。

二、主要虫害及防治

(一)蛴螬

蛴螬是金龟子幼虫的总称，在我国发生种类多、分布广。金龟子发生种类较多的有暗黑鳃金龟、华北大黑鳃金龟和铜绿丽金龟等。成虫和幼虫均可危害多种作物及果树。幼虫在地下咬断根颈，成虫多咬食果树、林木叶片。

主要防治方法：播种前用50%辛硫磷乳油30倍液喷于窝面再翻于土中，之后播种。在生长期可用90%的敌百虫800倍液浇灌。此外，可设置黑光灯诱杀成虫。

(二)豹纹木蠹蛾

以幼虫蛀食杜仲枝干危害。

冬季应清除被害树木，并进行剥皮等处理，以消灭越冬幼虫。可于成虫羽化初期及产卵前利用白涂剂涂刷树干，以防产卵或产卵后使其干燥，而不能孵化；也可向林内招引益鸟，捕食害虫。幼虫蛀入木质部后，可根据排出的虫粪找出蛀道，再用废布、废棉花等蘸取90%敌百虫原液或50%久效磷等塞入蛀道内，并以黄泥封口。如利用生物防治方法，可于3月中旬选择毛细雨或阴天，施用白僵菌，可使危害率下降48.4%。

(三)刺蛾

刺蛾俗称洋辣子，危害杜仲的有黄刺蛾、扁刺蛾、青刺蛾。刺蛾幼虫主要危害杜仲叶片，将叶吃成空洞、缺口。幼虫发生期为7月中旬至8月下旬。

主要防治方法：人工消灭越冬茧，幼虫发生期喷施50%辛硫磷800倍液，发现初孵幼虫，摘除虫叶并消灭幼虫。利用刺蛾的趋光性进行灯光诱杀。释放赤眼蜂，每公顷3000头，可收到良好效果。

(四)茶翅蝽象

茶翅蝽象又名臭板虫、臭大姐，以成虫、若虫危害。刺吸树幼嫩顶梢、叶、果实果柄部位的汁液。嫩梢被害后，顶梢干枯变黑，暂时停止生长，10~15天后由危害部侧芽萌发2~4个新梢，呈丛生状，危害杜仲果实，主要从果柄处刺吸果实汁液为主，被刺吸危害的果实逐渐干缩变黑，甚至脱落。

主要防治方法：成虫越冬期在集中发生地进行人工捕捉。夏季在炎热的中午前后，该虫多群集于杜仲枝干背阴处，也可采取人工捕杀。茶翅蝽象危害杜仲嫩梢或果实较轻时，一般不进行化学防治。当危害果实严重时，喷施50%辛硫磷乳油1000倍液。

(五)杜仲夜娥

杜仲夜娥以幼虫食叶，成孔洞或缺刻危害。

主要防治方法：根据杜仲夜蛾3龄以后幼虫，在黎明前下树潜伏在杂草或松土内、傍晚上树取食、老熟幼虫下树入土化蛹的习性，在树干上涂刷毒环或绑毒绳，阻杀上、下树幼虫。可用20%速灭菊酯乳油、25%氯氰菊酯乳油、2.5%溴氰菊酯乳油、5%氰苯醚菊酯乳油、25%菊乐合酯乳油、5%来福宁、20%灭扫利、50%辛硫磷乳油等喷杀。

三、杜仲环剥烂皮的防治

剥皮时由于不小心触及了剥面，或由于温度、湿度的原因，杜仲再生新皮经常发生烂皮病。该病初期呈褐色斑块或圆形、椭圆形突起，形状好似烫伤的水泡，有淡黄色液体流出，其斑块逐渐向四周扩散，随后再生新皮呈黑色腐烂状，质如海绵，表面有层浅灰色半透明薄膜，后期腐烂部分干缩，木质部裸露霉变，不再生长新皮。当腐烂部位环绕树干1周时，输导组织被破坏，当即植株枯死。防治杜仲烂皮病应注意以下几点。

(1)选择剥皮时期

选择7月中旬病菌越夏期和树木增粗生长期，进行剥皮再生作业，可减轻和避免再生新皮发生烂皮病。

(2)避免剥面受创伤

剥皮后作好保护措施，包扎材料要洁净、无破损，避免再生新皮受到创伤。另外，还要防止雨水或昆虫进入剥面。

(3)剥皮后勤检查

剥面如有积水或昆虫进入，应及时排除。如发现烂皮病斑可用药棉蘸500倍退菌特(或多菌灵、甲基托布津等杀菌农药)药液轻涂于病斑处，涂药后需将剥面重新扎好。

(4)解除包扎

新皮形成后，应及时解除包扎，以防止长期缺水而坏死，并招致病菌侵入。

(5)防治方法

对于烂皮病，可用1:500的退菌特(或多菌灵)在去掉包被的牛

皮纸后进行第一次喷洒防治，以后经常观察，如果发现有褐色斑块状腐烂出现并向四周扩散时，再喷药，每次喷药间隔10～15天。如果褐色斑块腐烂比较严重时，就用利刀刮掉，防止扩散蔓延(不到万不得已的时候不采取刀刮的方法，因为刀刮后，这一小块就不会再长出新皮)。也可用P751菌液。具体方法是，环剥时，严格按照技术要求进行，剥面长100厘米，环剥工具严格消毒，剥后即用报纸包被剥面，若干天后撤除报纸，然后将药液喷洒于剥面。

第八章
杜仲采收和加工利用技术

一、采　收

杜仲全身是宝，其皮、叶、花、果实和树身都有经济价值，下面分别从皮、叶、花和果实四部分描述杜仲的采收。

(一)杜仲皮

早在20世纪70~80年代初，王风亭和李正理、崔克明等就进行了杜仲剥皮再生试验。据北京大学生物系的研究，形成新皮的不是形成层细胞，而是未成熟的木质部细胞及射线细胞。对杜仲的干、枝可进行大面积的环剥，从主干以下全部环剥，剥后还可再生新皮。再生皮和原生皮有相同的成分和药效。环剥可反复进行，一般2~3年一个周期。以15~20年的成龄树开始剥皮较为适宜。这对于保护和节约杜仲资源、提高杜仲的利用率和经济效益、缩短投产周期十分重要。20世纪90年代以来，杜仲环剥再生技术已在陕西汉中和贵州遵义等地区广泛推广，并取得了良好的效益。

1. 剥皮方法

采收树皮主要有以下几种方法：部分剥皮法、树剥皮法、小块轮剥、大面积环状剥皮法。杜仲树剥皮后必须养护。

(1)部分剥皮法

部分剥皮法又称局部剥皮法。即在树干离地面10~20厘米以上部位，交错地剥去树干外围面积1/4~1/3的树皮，使养分运输不致中断，待伤口愈合后，又可依前法继续取皮。每年可更换剥皮部位，如此陆续局部剥皮。

(2)树剥皮法

此种剥皮方法多在老树砍伐时使用。先在齐地面处，绕树干锯一环状切口，按商品规格所需长度向上量再锯第二道切口，在两道切口之间，用利刀纵割 1 刀，再环树皮，上下左右轻轻剥动，使树皮与木质部分离。剥下第一筒树皮后把树砍倒，照此法按需要的长度在主枝上剥取第二筒、第三筒皮，剥完为止。

(3)小块轮剥

杜仲皮的商品规格为长 40~80 厘米，宽不少于 4 厘米。应在既保证商品规格，又尽可能缩小创面的前提下，采用小块轮剥的方法。即先在主干上主要分枝下方 10 厘米处用铅笔或粉笔垂直划两条间隔 4 厘米的直线；然后在这两条直线之间、从离地面 10~20 厘米处开始划第一根横线，由此往上隔 40 厘米划第二根横线，再往上隔 10 厘米划第三根横线，如此反复往上划。其中，间隔 60 厘米的两横线之间为剥皮部分，间隔 10 厘米的两横线之间不剥。开割时先沿直线竖向切树皮，切至韧皮部，不伤木质部；然后沿横线横切，上面刀口朝下偏 45°，下面刀口转上偏 45°，以防伤及木质部；最后用刀尖或竹片将树皮撬开撕下。先剥第一段，再依此剥第二段、第三段，最多剥 3 段。第一条纵皮带剥完后，在其旁边 4 厘米宽不剥，然后再照前法划线剥。剥完后，树干上便留下了一条条 4 厘米宽上下连接的树皮带，靠这些树皮带输送养分、保证剥皮杜仲成活。因此，剥皮时不得将这部分树皮切断。

(4)大面积环状剥皮

杜仲的大面积环状剥皮技术，是 1978 年山东省园林处和山东省药材公司推广的一种杜仲剥皮新技术。近年来在一些地区已推广。

①具体方法：用切接刀在树干分枝处的下方 10 厘米处横割一圈，再与之垂直呈“丁”字纵割，要注意纵割的长度，一般纵割到离地面 10~20 厘米处时再横割一圈即可。深度要掌握好，割到韧皮部，而又不伤及木质部；然后用刀柄楔形尾部从纵切口上部往下小心撬起树皮，沿横割的刀痕把树皮向两侧撕离，随撕随割断残连的

韧皮部，使树皮的韧皮部与木质部分离，用手同一侧慢慢撕下一整围树皮，并随撕随用刀尖切断上下两端尚未切断的部分。剥皮长度最长可近2米，一般在1米左右。

②主要有3种刀法：

"T"环剥法(2刀法)。选取健壮植株，先在树分叉处的下面环割一圈、再进行垂直纵割、呈"T"形。然后撬起树皮，沿纵割的刀痕向两侧撕、随撕随割断残留的韧皮部、待绕树干一周全部把树皮剥离后，再向下剥，直剥到离地面10~20厘米处为止。

"工"字形环剥法(3刀法)。用弯刀在主干离地面1.5米处环割一圈、在向下50厘米处同样环割一圈、然后在两环割圈间浅浅地纵割1刀、呈"工"字形。撬起树皮，用手向两旁撕裂剥下，但不可将手或剥皮工具接触剥面。

"Ⅱ"字形环剥法(4刀法)。用弯刀在主干分叉处的下面环割一圈，再在距地面10~20厘米处同样环割一圈，然后再在两环割正、背两面浅浅地垂直纵割2刀，呈"Ⅱ"字形。先撬起一半树皮，用手向一侧撕，待一半撕完后再撕另一半。此法易于撕剥树皮，但剥下的皮面积小了一半。

③环状剥皮时期：新树皮再生成败与剥皮方法和剥皮时期都有很大关系。剥皮时期对新树皮再生影响较大的因子主要是气温和湿度。在山东，剥皮时期应选在适当高温(25~36℃)、高湿(相对湿度80%以上)和昼夜温差不太大的夏季，一般在6~7月，过早和过晚均不好。在湖南，在5月上旬进行环剥，新皮再生效果好。当林内气温在20℃以上(即5月中旬以前)，再生新皮极少发生烂皮病；5月底至6月初，气温上升至20℃以上，日温差5℃左右，相对湿度84%以上时，烂皮病开始发生；7~8月为发病高峰期，9月以后逐渐减弱。但受害部位翌年仍能扩展蔓延，直至整株再生新皮全部腐烂为止。

综上所述，各地的气候条件不同，温度、湿度差异较大。所以，最佳环剥时期应经过试验而定，但大致时期在5月上旬至7月上旬。

④技术要点：环剥时宜选择生长 10 年以上、长势强壮的杜仲树，长势衰弱或生长不良的树不宜进行环剥，环剥长度不宜超过 1 米，以免植株正常的生长受到抑制。

环剥前必须准备好芽接刀、剪刀、高级透明塑料薄膜、电工胶布和酒精等用品。要掌握好环剥的适宜时期，不要在雨天环剥。应在阴天或多云天进行。如果是晴天，应在 16:00 时以后进行。环剥树段的下割线应距地面 10~20 厘米，上割线视树高而定，一般 40 厘米 1 节。剥皮长短对新皮的再生影响不大，总剥皮长度可达 200~240 厘米(即 5~6 节)。剥皮时应选择生长旺盛的壮年杜仲树(胸径 14 厘米以上)，进行环剥，新树皮易于再生。环剥后 3~4 天，一般表面呈现黄绿色，表示已形成愈伤组织，逐渐长出新皮。环剥时如气候干燥，要注意在剥前 3~4 天适当浇水，以增加树液，利于剥皮。剥皮后 24 小时严禁日光直射、雨淋和喷农药，以免污染幼嫩细胞，否则会造成植株死亡。

在剥皮过程中不要用手或刀触及剥皮后的树干，以免引起机械系损伤。剥皮的手法要准(不伤害木质部)，动作要轻、快、准，将树皮整体剥下，不要零撕碎剥，对裸露的幼嫩细胞(即树干木质部外面那一层白色黏液)，注意不能用剥皮工具、手或指甲等戳伤、触摸，也不能发生机械损伤。为此，剥皮前应砍去树干周围 50 厘米范围内的灌木和杂草。

2. 剥面保护、养护方法

(1)剥面保护

杜仲环状剥皮若时期适当、方法恰当，则剥皮后剥面无需保护，就能自然地产生新皮。有些地方，即使所选的剥皮时期适宜，而且方法也恰当，但由于剥皮后遇到异常天气(烈日或阴雨)，再生新皮质量也不尽如人意，就需要进行剥面保护，加快其新皮再生。一般环剥后空气湿度在 80% 以上时，对于新皮的再生有利。

①塑料薄膜包裹法：剥皮后用透明薄膜将剥皮部位包好，薄膜的交口要扎紧，以免被风吹干，上下两端也要用绳索系好，上部要

紧些，下部松些。一个月后取下塑料薄膜树干仍呈绿色，一般在21天左右就可看到形成层向内分化的木质部和向外分化的韧皮部。缺点是内部湿度很大、温度很高，不透水、不透气，容易感染细菌病，使再生新皮发生坏死。

②牛皮纸包裹法：先用4~6条竹条(长度超过剥面高度8厘米左右)环绕木质部，按等距离排放一圈，竹条上下两端搭放在树干未剥的原皮上，并用塑料条扎牢，然后再在竹条外边包裹牛皮纸，上下两端用塑料条包扎一圈，接口用胶水粘住，此法既透水透气又较牢固。

③原皮包裹法：把剥下的杜仲皮，仍然复位在原剥皮处，两端用塑料条扎紧，7天后取掉即可，效果也较好。

(2)剥面养护

①暂停喷洒农药：杜仲树剥皮后，树势会减弱，各种病虫害会乘虚而入。此时喷洒农药会抑制新树皮再生。因此，这时的病虫防治工作应以人工摘除病叶、病枝，或使用生物防治方法为主，暂停使用农药。

②加强灌水：杜仲树剥皮后，树体内部水分通过暴露于空气中的细胞大量散失，特别在干旱季节，失水现象更为严重。而水分是树木原生质的重要成分，是植物细胞进行各种生理活动的必要条件。因此，剥皮后必须加强灌溉，增加植物水分，以维持水分代谢的平衡。

③防寒：在北方地区杜仲树剥皮后，各方面的抗性都会有所下降，必须考虑防寒。具体措施是：在秋季所加塑料薄膜(网眼塑料薄膜)的外面，于11月底再加一层牛皮纸或草席，既能保持温湿度，又能防止树木落叶后，太阳直射在树干上，发生灼伤。此外，应重视浇好冻水和春水(解冻水)。解除防寒的时间视第二年春季的天气情况而定。

(二)杜仲叶

杜仲树叶的采收比较简单，根据采叶的用途不同，采收方法略

有区别。一般定植3~4年后的杜仲树可以开始采摘树叶。选择无病虫害和没有喷洒过农药的树木，要采绿叶，忌采发黄的叶，因为绿叶有效成分含量高，发黄叶含量少。栽后1年的幼树都可根据生长势逐年采摘。幼树采摘树叶过早，有碍植株生长，因此，要把握好采叶时间。采叶时间可根据不同地区杜仲叶中有效成分含量的高峰期决定，一般在6~10月进行。应以落叶前采摘为宜，幼树应在11月上旬采摘，这时采摘对幼树的生长影响较小。

1. 药用叶的采收

杜仲栽植成活后，第三年即可采收叶子，10年生单株可年产鲜叶15公斤，每公斤鲜叶可产干叶0.3公斤。药用叶一般在10月中旬(霜降前)叶子未发黄时采收，选择晴朗的天气于10:00以后(避开早晨露水)开始采收。

2. 茶用叶的采收

采叶时间和方法与药用叶相同。

3. 胶用叶的采收

杜仲叶的含胶量因成熟程度不同而异。一般而言，成熟的杜仲叶含胶量大概是3%~5%。嫩绿的叶子含胶量最少，不及2.3%，生长到8月的老绿叶含胶量为2.8%，到10月叶现绿黄时含胶量增到3.6%，到11月叶变黄色后，含胶量增到4%。因此，采叶制胶，越老越好。一般在11月叶变黄色脱落后采收最好，但务必及时回收晾晒，不能变质发霉。

(三)杜仲果实

为了保证种子质量，要选择生长健壮、叶大、皮厚、无病虫害、未剥过皮的20~40年生的雌株作采种母树。不能采集荫郁林内和光照不足的母树种子。种子的采集要适时进行，采集时间北方一般在10月下旬至11月。采收过早会因种子未充分成熟而影响播种质量，采收过晚会使种子自然落地后发生霉烂，或者因温度过低而遭受冻害，影响种子发芽。种子形态成熟时表现为棕黄色或米黄色，种皮光亮，种仁处向外突出明显，且手感坚硬，种翅明显失水。剥开种皮后，胚乳呈米黄色，似半透明状，子叶白色至乳白色。

采种选在晴天，雨天采种常会使采下种子发生霉烂。用手采摘，或者在树下铺塑料布，用竹竿将种子轻轻打落，打落时应尽量不损伤枝条，否则会影响植株的生长及翌年种实的产量。最后将打落的种子收集在一起，除去杂质。收集的种子置于室外阴凉、通风干燥处晾干。避免种子因含水量过高导致霉变。种子播种前进行去杂，去除不饱满和病虫害种子。

（四）杜仲雄花

杜仲雄花的采收时间应根据杜仲雄花的开花期而定。因各产区气候条件的差异，杜仲雄花的开花时间各不相同，在长江以南地区约为3月10日至4月5日；黄河、淮河流域在3月下旬至4月中旬；石家庄及其以北地区在4月上旬至下旬。

采花时，根据修剪要求在剪下的雄花枝上采集雄花。采摘时雄蕊与萌芽分开放，然后将丛状雄花的每个雄蕊分开，以便于杀青，并使雄花茶茶体形状美观。经过细致筛选的杜仲雄花放于干净、干燥通风处晾12~24小时，摊晾后的杜仲雄花可进行雄花茶加工。

二、加　工

（一）杜仲皮

树皮采收后，用沸水烫泡，展平，将皮的内面两两相对，置于通风避雨处，层层重叠压紧平放在以稻草垫底的平地上，上盖木板，加重物压实，四周加草围紧，使其“发汗”。约经1周(初夏5~6天，盛夏1~2天)后，树皮发热，当内皮由白色变为暗紫色时，可取出晒干压平，刮去表面粗皮，按规格把边皮修切整齐后打捆即可，或加工切成其他炮制品包装出售。如果皮色还是紫红色，须再压发热，直到变成暗紫色或紫褐色为止。压平晒干后的杜仲皮，外皮粗糙要削去粗糙表皮，再分成各种规模打捆出售。

分级以肉厚、块完整，外表皮平，断面丝多，内表皮暗紫色或紫褐色，有光润感者为上等品；肉薄、表皮粗糙，断面丝少内表皮

紫红色为二等品。

立地光照充足的散生壮年树，单株树皮产量可达35千克，折干率(1.5~2):1。

(二)杜仲叶

杜仲树叶的加工可分为两种类型。一是开发叶代替皮作为药用材料，需经加工制成滋补饮料和降压药、降压茶等品，以满足人们对于保健用药的市场需求。二是提炼杜仲胶用，常见的提炼方法有碱浸法。主要的加工环节包括晒干、贮藏、分级、包装。

为防止腐烂，杜仲叶采收后要先摊放在室内，并及时进行杀青处理。常见杀青方法是以普通铁锅作为炒锅，翻炒至叶面失去光泽、叶色暗绿、叶质柔软、失重30%左右即可。

1. 药用叶的加工

采下的杜仲叶置通风处阴干，以保持绿色(不能发黄)，或在低温下烘干，当达到气干状态，含水量不超过10%时，用袋或竹席包装，在通风干燥处贮藏备用，注意不能在强烈的太阳光下长时间暴晒，晾晒时要及时翻动。遇下雨天气时，要及时回收，不能发霉变质，或颜色发黑。晾晒后的叶片颜色当为青绿色或暗绿色。其他发黑、发黄、发褐、变白的叶片药理成分多半消失，应视为变质叶片而抛弃。药用叶片要求完整，破损率不宜超过30%。

2. 茶用叶的加工

手工杀青的具体操作是：杀青前将炒锅洗刷干净，然后加热，使锅温达200~220℃，投入鲜叶1~2千克，开始时“闷炒”，即叶子下锅后，立即盖上锅盖，闷炒1~2分钟，待锅盖缝冒出较多的水汽时，开盖扬炒，抖散水汽，翻炒均匀，炒至叶面失去光泽，叶色暗绿，叶质柔软，手握不黏手，失重30%左右为度。杀青后摊晾即可。

(三)种子的晾晒与贮藏

种子从野外采回后，应置于室外阴凉、通风处晾干。摊晾厚度以5~10厘米为宜，且每2~3小时上下翻动一次，一般晾晒2天后即可贮藏。采下的种子不可在强光下暴晒，更不可在烘房内烘干，否则将严重降低种子发芽率。晾晒好的种子适宜含水量应控制在10%左右。含水量过高，种子容易霉烂；含水量过低，则容易使种子胚组织失水，而影响发芽。

杜仲种子属于短命种子，在低温、密闭条件下有利于种子较长时间保持发芽率。如在室内自然通风条件下贮藏，3个月以后发芽率为60%~80%，6个月以后发芽率仅为40%~50%。杜仲种子在1~5℃低温条件下及塑料袋封闭条件下贮藏，1年后种子发芽率均在80%以上；将种子混湿沙贮藏，翌年春天播种时，发芽率可达60%以上，但混干沙贮藏，发芽率仅为30%左右。

三、炮　制

根据临床需要，可采用蒸制、炒制、微波制等方式进行炮制加工。据报道，蒸制、微波制及适当高温烘制效果较好。

(1)砂烫杜仲

将杜仲切成2~3毫米宽的细丝片，将干净砂加热至200℃，把杜仲丝片置锅内炒至杜仲断丝为止，表面呈黑褐色，内部焦黄。

(2)盐砂烫杜仲

杜仲皮切丝后，用含盐量为2%的盐水浸泡，闷润1小时，再倒入200℃热砂中，炒至断丝为止，500克杜仲约用盐10克左右。

(3)蒸杜仲

取杜仲丝片用盐水润透后，放一夜，再蒸1小时晒干，用盐量与盐砂烫的方法相同。

(4)清炒杜仲

取杜仲块至炒制容器内，用文火加热至丝易断时，取出放凉。

(5)杜仲炭

取杜仲块置于锅内，用武火炒至表面焦黑色、内部焦褐色时，喷淋清水少许，熄灭火星，取出晾干。

(6)酒炙杜仲

取杜仲块加适量黄酒拌匀，闷透，至炒制容器内，用文火炒至

丝易断时，取出放凉。

(7)醋炙杜仲

取杜仲块加适量米醋拌匀，闷透，至炒制容器内，用文火炒至丝易断时，取出放凉。

(8)蜜炙杜仲

取杜仲块，取适量炼蜜加适量沸水稀释后，加入待炮品拌匀闷透，至炒制容器内，文火炒至丝易断时，取出放凉。

参考文献

曹瑞致，张馨宇，杨大伟，等．2017．剥皮对杜仲次生代谢物含量及伤害修复能力的影响[J]．林业科学，53(6)：151－158.

陈静．2012．杜仲叶综合利用及杜仲雄花茶质量标准研究[D]．开封：河南大学．

陈千良，石张燕，高扬，等．2014．陕西产杜仲子药材质量标准研究[J]．天然产物研究与开发，(42)：289－293.

成军，超玉英．2000．杜仲叶黄酮类化合物的研究[J]．中国中药杂志，25(5)：284－286.

董娟娥，杜红岩，张康健．2008．观赏与药用杜仲无性系的选择[J]．林业科学，44(5)：165－170.

董娟娥，付卓锐，马希汉，等．2011．不同干燥方法对杜仲雄花茶品质的影响[J]．农业机械学报，42 (8)：131－137.

董碎珍，李慧春．1995．杜仲炮制质量之我见[J]．江西中医药，(S4)：66－67.

杜红岩，杜兰英，李芳东．2004．杜仲果实内杜仲胶形成积累规律的研究[J]．林业科学研究，17(2)：185－191.

杜红岩，杜兰英，李福海，等．2004．不同产地杜仲树皮含胶特性的变异规律[J]．林业科学，40(5)：186－190.

杜红岩，杜兰英，乌云塔娜，等．2013．杜仲药用良种‘华仲1号’[J]．林业科学，49(11)：162.

杜红岩，杜兰英，乌云塔娜，等．2014．杜仲果药兼用良种‘华仲3号’[J]．林业科学，50(1)：164.

杜红岩，杜兰英，乌云塔娜，等．2014．雄花用杜仲良种‘华仲5号’[J]．林业科学，50(4)：164.

杜红岩，李芳东，杜兰英，等．2010．果用杜仲良种‘华仲6号’[J]．林业科学，

46(8)：182.
杜红岩，李芳东，李福海，等. 2010. 果用杜仲良种'华仲7号'[J]. 林业科学，46(9)：186.
杜红岩，李芳东，杨绍彬，等. 2010. 果用杜仲良种'华仲8号'[J]. 林业科学，46(11)：189.
杜红岩，李芳东，杨绍彬，等. 2011. 果用杜仲良种'华仲9号'[J]. 林业科学，47(3)：194.
杜红岩，刘攀峰，孙志强，等. 2012. 我国杜仲产业发展布局探讨[J]. 经济林研究，30 (3)：130－144.
杜红岩，谭运德，张保怀. 1997. 杜仲良种果园、种子园的营建与整形修剪技术[J]. 林业科技开发，(5)：15－17.
杜红岩，谭运德. 1997. 华仲1~5号五个杜仲优良无性系嫁接繁殖技术[J]. 林业科技开发，(2)：18－19.
杜红岩，乌云塔娜，杜兰英，等. 2013. 杜仲果药兼用良种'华仲2号'[J]. 林业科学，49(12)：163.
杜红岩，乌云塔娜，杜兰英. 2006. 杜仲高产胶优良无性系的选育[J]. 中南林学院学报，26(1)：6－11.
杜红岩，谢碧霞，邵松梅. 2003. 杜仲胶的研究进展与发展前景[J]. 中南林学院学报，1000－2502.
杜红岩，张再元，刘本端，等. 1996. 杜仲优良无性系剥皮再生能力及剥皮综合技术研究[J]. 西北林学院学报，11(2)：18－22.
杜红岩，昭平韦，李福海. 1993. 我国杜仲的研究现状与发展思路[J]. 经济林研究，S1：124－128.
杜红岩. 1994. '华仲1号'等5个杜仲优良无性系的选育[J]. 西北林学院学报，9(4)：27－31.
杜红岩. 1996. 杜仲优质高产栽培[M]. 北京：中国林业出版社.
杜红岩. 1997. 我国杜仲变异类型的研究[J]. 经济林研究，15(3)：34－37.
杜红岩. 2003. 杜仲活性成分与药理研究的新进展[J]. 经济林研究，21(2)：58－61.
杜红岩. 2010. 我国的杜仲胶资源及其开发潜力与产业发展思路[J]. 经济林研究，28(3)：1－6.
杜兰英，王璐，郭书荣，等. 2014. 杜仲嫁接育苗技术规程[J]. 林业实用技术，

(4): 28 – 30.

杜兰英，乌云塔娜，杜红岩，等. 2014. 杜仲果药兼用良种'华仲4号'[J]. 林业科学，50(3): 162.

杜笑林，朱高浦，闫文德，等. 2016. 基于叶、皮、材兼用的高密度杜仲栽培模式研究[J]. 经济林研究，34(3): 2 – 6.

段小华，邓泽元，宋笃. 2010. 杜仲种子脂肪酸及氨基酸分析[J]. 食品科学，31(04): 214 – 217.

樊宏武，李晓芳. 2009. 杜仲无性繁殖育苗技术[J]. 林业科技，(1): 29 – 30.

冯晗，周宏灏，欧阳东生. 2015. 杜仲的化学成分及药理作用研究进展[J]. 中国临床药理学与治疗学，20(6): 713 – 720.

高均凯，杜红岩，菅根柱，等. 2014. 现代杜仲产业发展状况及相关政策研究[J]. 林业经济，(11): 83 – 88.

管淑玉，苏薇薇. 2003. 杜仲化学成分与药理研究进展[J]. 中药材，26(2): 124 – 129.

郭宝林，刘金亮，孙福江，等. 2006. 杜仲的开发利用前景及规范化生产基地建设[J]. 河北林业科技，(B09): 28 – 30.

何兴东，余殿，陈任，等. 2019. 杜仲良种繁育和高效栽培技术与宁夏引种栽培[M]. 天津：南开大学出版社.

康传志，王青青，周涛，等. 2014. 贵州杜仲的生态适宜性区划分析[J]. 中药材，37(5): 760 – 766.

康向阳. 2017. 杜仲良种选育研究现状及展望[J]. 北京林业大学学报，39(3): 1 – 6.

李芳东，杜红岩. 2001. 杜仲[M]. 北京：中国中医药出版社.

李文娟. 2017. 杜仲栽培管理技术[J]. 农村科技，(1): 62 – 63.

李欣，刘严，朱文学，等. 2012. 杜仲的化学成分及药理作用研究进展[J]. 食品工业科技，(10): 378 – 381.

李洋. 2017. 杜仲的有效成分及在动物生产中的应用[J]. 饲料博览，(6): 10 – 16.

李振华. 2018. 杜仲的现代药理学研究及临床应用文献综述[J]. 临床研究，47(3): 93 – 96.

梁学政. 1998. 杜仲不同炮制方法的质量比较[J]. 中国药业，7 (12): 19.

梁宗锁. 2011. 杜仲丰产栽培实用技术[M]. 北京：中国林业出版社.

龙彪云，梁福花．1995. 杜仲叶采摘加工技术[J]. 湖南林业，(1)：23.
路志芳，吴秋芳，储曼茹．2014. 河南杜仲病虫害防治现状与对策[J]. 上海蔬菜，(4)：60－62.
吕百龄．2011. 杜仲橡胶的应用和发展前景[J]. 中国橡胶，27 (6)：10－12.
彭少兵，董娟娥，赵辉，等．2007. 秦仲(1－4 号)繁殖技术研究[J]. 林业科学，43(5)：120－124．
彭应枝．2014. 杜仲质量控制研究[D]. 长沙：中南大学．
祁祥春，谷友芝．1995. 影响杜仲环剥再生的因素及补救措施[J]. 江苏绿化，(2)：35.
卿艳．2011. 杜仲对照药材标定技术及质量评价研究[D]，成都：成都中医药大学．
王柏泉，宋太伟，何义发，等．1996. 杜仲病害调查初报[J]. 林业科技开发，(2)：10－11.
王俊丽，陈丕铃．1993. 杜仲的研究与应用[J]. 中草药，24 (12)：655－656.
王璐，乌云塔娜，杜兰英，等．2016. 杜仲果药兼用良种‘华仲 10 号’[J]. 林业科学，52(11)：171.
王韶敏．2001. 杜仲规范化栽植技术及林产品开发现状[J]. 新疆农业科学，38 (3)：149－152.
王耀民，黄俊梅．2009. 杜仲种子催芽与处理技术[J]. 农业科技，(8)：87－88.
卫发兴，杨晓忠，钟显．1998. 杜仲剥皮及再生技术[J]. 河南林业科技，(1)：26－27.
吴文霞．2012. 杜仲嫩枝扦插育苗技术[J]. 现代农业科技，(14)：152－153.
项丽玲，温亚娟，苗明三．2017. 杜仲叶的化学、药理及临床应用分析[J]. 中医学报，32(1)：99－102.
肖红，马更，高见．2013. 杜仲栽培及管护技术[J]. 农民致富之友，(18)：75，110.
杨凌，张碧，等．2011. 中国杜仲资源的综合利用[J]. 广州化工，39(24)：9－10.
姚丽娜，2010. 杜仲的化学成分研究[D]. 天津：天津大学．
曾令祥．2004. 杜仲主要病虫害及防治技术[J]. 贵州农业科学，32(3)：75－77.

詹孝慈．2007．杜仲根腐病的发生与防治[J]．现代农业科技，(19)：101－102.
张博勇，张康健，张檀，等．2004．秦仲1~4号优良品种选育研究[J]．西北林学院学报，19(3)：18－20.
张康健，苏印泉，张檀，等．1992．杜仲快速育苗技术的研究[J]．林业科技通讯，(3)：31－33.
张康健．1992．中国杜仲研究[M]．西安：陕西科学技术出版社．
张康健．1999．杜仲研究进展及存在问题[J]．西北林学院学报，9(4)：58－63.
张庆瑞，付国赞，彭兴隆，等．2014．皮用杜仲丰产林营造技术[J]．黑龙江农业科学，(4)：161－163.
张绍伟．1999．杜仲苗木主要病虫害及防治技术[J]．河南林业科技，19(3)：31.
张水寒，肖深根．2017．杜仲产业基地建设与规范化栽培[M]．长沙：湖南科学技术出版社．
张水寒，谢景．2018．杜仲生产加工适宜技术[M]．北京：中国医药科技出版社．
张维涛，刘湘民，沈绍华，等．1994．中国杜仲栽培区划初探[J]．西北林学院学报，9(4)：36－40.
张源润，王春燕，吴彩宁，等．2001．杜仲育苗关键技术的探讨[J]．干旱区资源与环境，15 (2)：94－96.
张再元，杜红岩，杜兰英．1989．杜仲嫩枝扦插及快速繁殖方法插条来源与生根[J]．经济林研究，7(2)：81－83.
张再元，王惠文，杜红岩．1991．河南省杜仲种质资源研究[J]．经济林研究，9(1)：80－83.
赵晓明，张檀，等．1999．杜仲叶多糖研究[J]．西北林学院学报，14(4)：73－75.
中国科学院《中国植物志》编辑委员会．1986．中国植物志[M]．北京：科学出版社．
周政贤，郭光典．1980．我国杜仲类型、分布及引种[J]．林业科学，16(增刊)：84－91.

附录　杜仲无公害年周期管理工作历

物候期	月份	技术内容	技术操作要点
休眠期	1~2月	1. 防治抽条	在冬季喷2~3次羧甲基纤维素50~200倍液，可有效防止抽条发生。使用植物保水剂(石蜡乳化液)喷树体，形成一层既能防止水分蒸发，又不影响枝条正常呼吸作用的白色保护膜
		2. 整枝修剪	适当剪去下部一些侧枝及根部萌蘖枝，使主干生长粗直健壮
萌芽期及花期	3~4月	1. 撒种	催芽法主要有温水浸种、混湿沙冻藏催芽法，混湿沙地下层积催芽法，温水浸种、混沙增温催芽法，赤素处理催芽法，剪截种翅。大田播种方法分为点播、条播和撒播3种
		2. 采集雄花	采摘时，雄蕊与萌芽分开放，然后将丛状雄花的每个雄蕊分开，以便于杀青并使雄花茶茶体形状美观。经过细致筛选的杜仲雄花放干净的干燥通风处12~24小时，摊晾后的杜仲雄花可进行雄花茶加工。如果产花量大暂时来不及加工的，可进行低温贮藏保鲜，保鲜温度2~5℃
		3. 雄花茶园整形修剪	结合杜仲雄花的采集，在开花枝条基部以上第4~6个芽处将枝条截短，对过密枝或衰弱枝从该枝条基部疏除，在剪掉的枝条上收集雄花。修剪后的树形可根据栽植密度等情况，修剪成圆柱形、自然圆头形和自然开心形
		4. 幼树平桩	平茬时间在落叶后至春季萌芽前10天进行。平茬部位在地面以上的2~4厘米处。苗高2米以上的2年生苗圃平茬苗或嫁接苗，栽植后不再进行平茬
		5. 栽植种苗	同秋栽

（续）

物候期	月份	技术内容	技术操作要点
萌芽期及花期	3~4月	6. 施肥	每亩用腐熟人尿300~400千克或尿素3~4千克兑水穴施
		7. 嫩枝扦插	于春夏之交，剪取1年生嫩枝，剪成长5~6厘米的插条，插入苗床，入土深2~3厘米，在土壤温度21~25℃时，经15~30天即可生根。如用0.05毫升/升的萘乙酸处理插条24小时，成活率可达80%以上
生长高峰期	5~7月	1. 树皮环剥	最好在阴而无雨的天气进行
		2. 剥面保护	对裸露的幼嫩细胞不要用手触摸，也不能发生机械损伤，剥皮前应砍去树干周围50厘米范围内的灌木和杂草
		3. 防治烂皮病	如发现烂皮病斑，用药棉蘸500倍退菌特（或多菌灵、甲基托布津等杀菌农药）药液轻涂于病斑处，将剥面重新扎好
		4. 产地加工	树皮采收后用沸水烫后，展平，将皮的内面双双相对，层层重叠压紧平放在以稻草垫底的平地上，上盖木板，加重物压实，四周加草围紧，使其“发汗”，约经1周，内皮呈暗紫色时可取出晒干，刮去表面粗皮，修切整齐即可
		5. 拿枝	杜仲幼嫩枝条较脆、易断，拿枝时要小心谨慎，宜从枝条基部开始拿枝，可减少枝条断裂
		6 采叶园修剪	药用采叶园，5、7、10月每次将所有萌条留3~5厘米重截，采收树叶，最后一次采叶应在霜降以后；胶用杜仲采叶园，每年10月中下旬短截采叶1次
		7. 嫁接	带木质嵌芽接、带木质芽片贴接、方块芽接、“┓”形芽接、切接、劈接和插皮接等
		8. 除草	一般于4月上旬结合施肥进行第一次中耕除草，5~7月为生长高峰期，可于5~6月上旬进行第二次中耕除草
		9. 刨树盘	南方在6月中下旬，北方地区宜在7月雨季，可清除杂草，松土蓄水，还可结合追肥进行

（续）

物候期	月份	技术内容	技术操作要点
生长高峰期	5~7月	10. 防治立枯病	发病期4~6月，防治参照根腐病
		11. 防治角斑病	每年4~5月开始发病，7~8月发病较重。本病的防治关键在于加强田间管理，增施磷钾肥，增强植株抗病力。发病初期喷施1∶1∶100波尔多液，连喷2~3次，间隔期7~10天
		12. 防治褐斑病	4月上旬至5月中旬开始发病，7~8月为发病盛期。发病期用50%多菌灵可湿性粉剂500倍液、75%百菌清可湿性粉剂60倍液或4%杀毒矾可湿性粉剂500倍液、50%托布津400~600倍液、50%退菌特40~600倍液、65%代森锌600倍液交替喷施2~3次，间隔期7~10天
		13. 防治灰斑病	发病初期，喷洒50%托布津或50%退菌特400~600倍液，或25%多菌灵1000倍液
		14. 防治枝枯病	一般4~6月开始发生，7~8月为发病高峰期。促进林木生长健壮，药剂涂抹修剪伤口，是防治本病的重要措施。对感病枝进行修剪，并连同健部剪去一段，伤口用50%退菌特可湿性粉200倍液喷雾，或用波尔多液涂抹剪口。发病初期可喷施65%代森锌可湿性粉剂400~500倍液
果实速长期	8月	1. 采叶	供药用树叶，8月是采叶最佳时期。应去叶柄，剔除枯叶、虫口、残叶，晒干后可出售。如要提取杜仲胶，采叶时间在10月落叶时，连柄一起直接集中晒干，送到制药单位加工
		2 防治根腐病	发病期6~8月，发病初期，可喷施50%托布津400~800倍液或50%退菌特500倍液或25%多菌灵800倍液，均有良好的效果。已经死亡的幼苗或幼树要立即挖除烧毁，并在发病处施药杀菌
		3. 防治刺蛾	幼虫发生期为7月中旬至8月下旬。人工消灭越冬茧，幼虫发生期喷施50%辛硫磷800倍液
果实采收期	9~10月	1. 适时采收	采种应选择晴天进行，尽可能用手采摘，或者在树下铺上大块塑料布，然后用竹竿把种子轻轻打落

（续）

物候期	月份	技术内容	技术操作要点
果实采收期	9~10月	2. 正确晾晒	置于室外阴凉通风处晾干。摊晾厚度5~10厘米，每2~3小时上下翻动一次，一般晾晒两天后即可贮藏
		3 合理贮藏	低温、密闭条件下有利于种子较长时间保持发芽率
		4. 深翻	深翻过程中要结合施底肥，以熟化土壤。先将不易腐烂的树枝、硬秸草等分层次施入深翻层的底部
		5. 施肥	基肥以农家肥、人尿、饼肥为主，也可施过酸钙、复合肥、磷酸二铵等
树体营养积累期	10~11月	1. 栽植种苗	栽植前将混好肥料的表土大部分填入沟内穴内，至离地面5厘米，将苗木放于栽植沟或栽植穴中间，纵横对直。剩余的混合土轻轻从上向下撒在根上，边填土边提苗边踏实，使根土密接
		2. 培土	松土，培土，铺上落叶或杂草适量，既可保温防冻，又增添了有机肥
		3. 刨树盘	北方在土壤封冻前进行，有利于熟化土壤、消灭越冬病虫害，这刨树盘可结合消除园内枯枝、病虫枝进行
休眠期	12月	同1~2月	

杜仲园

杜仲

杜仲当年生枝条

杜仲扦插苗

杜仲繁殖圃

杜仲嫁接

杜仲雄花

杜仲结果状

杜仲雄花

杜仲果实

杜仲果实成熟

技术人员调研

‘红叶杜仲’

杜仲茶产品